AF451419

ESSAI

SUR

L'ENTOMOLOGIE

Du département du Puy-de-Dôme,

MONOGRAPHIE

DES

CARABIQUES,

Par M. Baudet-Lafarge,

De l'Académie des Sciences, Belles-Lettres et Arts de Clermont-Ferrand, l'un
des Membres-Fondateurs de la Société Entomologique de France, etc., etc.

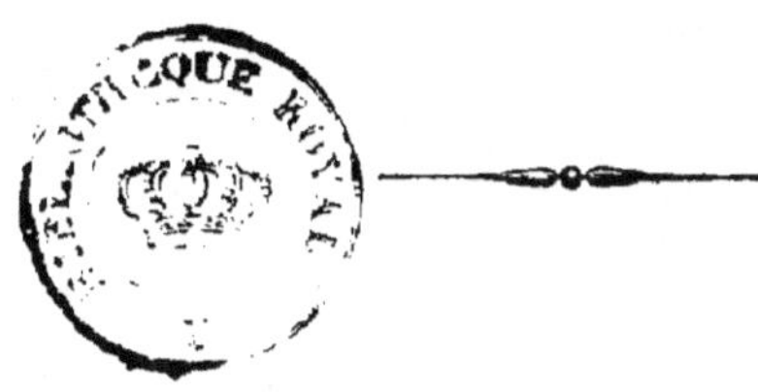

Clermont-Ferrand,

IMPRIMERIE DE THIBAUD-LANDRIOT, LIBRAIRE.

—

1836.

INTRODUCTION.

J'avais, depuis long-temps, formé le projet de donner successivement diverses monographies, dont l'ensemble aurait pu faire connaître le plus grand nombre des insectes *coléoptères* qui habitent le département du Puy-de-Dôme.

En 1809, je publiai, sous le nom de *Monographie des lamelli-antennes*, une sorte de *spécimen* du travail auquel j'avais l'intention de me livrer ; je désirais appeler, dans notre département, l'attention sur cette partie de son histoire naturelle ; j'espérais y trouver des collaborateurs dont les recherches et les travaux auraient pu nous être réciproquement avantageux, et fournir des matériaux utiles pour la zoologie de notre contrée.

Cette espérance a été déçue. Diverses circonstances ayant porté les esprits sur de graves intérêts sociaux, ont dû changer un grand nombre de dispositions, détruire des prévisions d'avenir, modifier ou détourner la direction première des idées ou les projets de plusieurs.

Mais, si quelques-unes de ces circonstances m'ont souvent éloigné de mes occupations favorites, elles n'ont pu me les faire oublier, ni mes premiers projets. Snr le déclin d'une assez longue carrière, j'essaie encore de stimuler l'attention de mes compatriotes, de la faire porter aussi sur leur entomologie locale, étude qui a ses attraits comme tout ce qui tient à l'étude de la nature et de ses diverses productions, même les plus petites, parce que toutes présentent une organisation admirable : *Natura maximè miranda in minimis.*

Dans ce nouvel essai, je suivrai, en partie, mes premiers erremens, la marche que j'avais adoptée dans ma première Monographie. Je craindrais d'embarrasser, d'égarer mes lecteurs et de m'égarer moi-même si j'entreprenais de suivre ou discuter toutes les innovations qui, depuis quelques années, ont été introduites ou proposées, en entomologie, pour admettre ou rejeter tout ou partie de ces innovations, peut-être trop nombreuses : il est nécesaire que le temps les ait mûries et éprouvées. Il faut attendre qu'une main habile et une sage critique aient fait un juste départ entre elles, qu'elles aient déterminé le degré d'utilité relative ou absolue que chacune peut offrir.

Dans tous les cas, le plus grand nombre de ces innovations serait sans utilité dans cette Monographie, puisque, le plus souvent, elles ne pourraient y trouver d'application. Lorsqu'on ne s'oc-

cupe que des espèces d'une localité, peu étendue
relativement, elles sont nécessairement peu nombreuses ; alors un luxe surabondant de divisions,
subdivisions et genres ne ferait que surcharger
inutilement la mémoire, entraver ou embarrasser
les recherches : aller au delà de ce qui est absolument nécessaire serait une superfluité fâcheuse ; ce
serait hérisser de difficultés l'étude de l'entomologie, décourager ou rebuter les personnes qui
auraient eu le désir ou l'intention de s'y adonner.

L'Entomologie est cette branche de l'histoire naturelle qui traite des insectes. Ceux-ci font partie
de la grande division des animaux invertébrés,
pourvus de pates articulées. Ils sont désignés
sous le nom de condylopes, *condylopa* (1). Ils
sont divisés en deux sections : celle des *apiropodes*
et celle des *hexapodes* (2).

Les condylopes de la première section (*apiropodes*) n'ont jamais d'ailes ; ils ont toujours plus
de six pattes articulées (3). Les *hexapodes*, ou
insectes, sont le plus souvent ailés ; ils ont tous
six pates articulées (4), les uns et les autres étant
parvenus à leur état parfait, c'est-à-dire à leur
dernier terme d'accroissement ou d'organisation.

Les insectes fournissent une immense quantité

---

(1) Latreille, Cours d'Entomologie, première année, p. 17.
(2)   Id.,   ibid., p. 152-154.
(3)   Id.,   ibid., p. 152.
(4)   Id.,   ibid., p. 154.

d'espèces plus ou moins rapprochées ou éloignées les unes des autres par des caractères ou des modifications qui sont propres à chacune d'elles. L'examen de ces caractères et de leurs formes variables, la comparaison des rapports qui peuvent exister entre eux, ont fourni les bases sur lesquelles reposent les divers systèmes établis ou proposés, dans le but de parvenir à reconnaître chaque espèce, à la classer dans un ordre méthodique.

Les organes de locomotion, type caractéristique du règne animal, sont, en général, les premiers qui frappent les regards et doivent être d'abord employés. Les premiers aussi ils ont servi à l'établissement des méthodes ; mais, pris exclusivement, ils ne pouvaient suffire : les systèmes fondés sur cette seule considérstion seraient incomplets. Il en serait de même du choix exclusif de toute autre partie de l'organisation des insectes. Tout se lie, tout est coordonné dans cette organisation ; et, pour s'assurer positivement de la place que chaque espèce doit occuper, il serait nécessaire de connaître toutes les parties dont chacune est composée, celles qui sont apparentes, comme celles que la dissection anatomique peut seule déterminer avec une sorte de certitude.

Ici se trouve une grave difficulté, je dirais presque une impossibilité pour le plus grand nombre de personnes qui s'occupent d'entomologie. Mais, à défaut des moyens que l'anatomie peut exclusivement fournir, il en est d'autres qui, moins positifs, peuvent et doivent concourir à l'établissement des systèmes ou méthodes; et si les organes locomoteurs sont généralement les plus saillants et les plus faciles à reconnaître, ceux de la manducation servent aussi très-utilement et prennent rang après ceux-ci : ils se prêtent un mutuel appui. L'emploi simultané de ces deux ordres d'organes fournit de bons moyens pour rendre les recherches plus fructueuses, leurs résultats plus certains, et faciliter ainsi l'étude, la connaissance et le classement des espèces.

Il existe encore, dans les insectes, un organe presque toujours apparent, dont la fonction n'est pas déterminée d'une manière absolue : ce sont deux filets mobiles, articulés, implantés sur chacun des côtés de la tête, ou sur une prolongation de celle-ci : ils portent le nom d'*antennes*. Les uns les considèrent comme étant l'organe de l'*ouïe*, d'autres celui de l'*odorat*, d'autres enfin celui du *toucher*. Quelle que soit leur destination, toujours est-il que les antennes affectent des formes et un nombre variable d'articles; elles peuvent et doivent servir ou aider à faire connaître les espèces, comme à la formation des groupes.

Les organes de locomotion sont de deux sortes parmi les insectes : les pates et les ailes. Ils existent séparément ou cumulativement.

Ceux de la manducation sont plus nombreux; leur réunion forme la bouche diversement composée dans différents ordres.

Dans les uns, elle présente : 1°. un labre (ou lèvre supérieure) attenant à la partie antérieure de la tête ; 2°. deux mandibules (ou mâchoires supérieures) situées transversalement au‑dessous du labre ; 3°. deux mâchoires au‑dessous des mandibules ; 4°. une lèvre inférieure ; 5°. un menton, plus ou moins apparent, qui termine inférieurement la bouche et la couvre quelquefois en grande partie. On y remarque aussi d'autres petites parties, le plus souvent difficiles à reconnaître ; telles qu'une petite dent, ou pointe, souvent peu apparente, placée dans une échancrure du menton, et qui manque dans plusieurs ; telles encore de très‑petites élévations, à peine perceptibles, même à l'aide d'une très‑forte loupe, auxquelles on a donné le nom de *paraglosses*.

Les mâchoires inférieures et la lèvre inférieure portent, sur chacun de leurs côtés, un petit filet mobile, articulé comme les antennes, affectant, comme elles, des formes différentes, mais dont les articles sont peu nombreux. Ces filets sont désignés sous le nom de *palpes*, qui a remplacé celui d'*antennules*. Dans quelques genres, les mâchoires portent chacune deux palpes de chaque côté ; les mandibules n'en portent jamais.

Dans les autres, la bouche n'a plus ni mandibules, ni mâchoires, ou elle ne présente que des rudiments de celles‑ci. Ces organes sont remplacés par un *rostre*, une *trompe*, ou un *suçoir*, organisés de diverses manières et formés de plusieurs pièces.

Ces différents modes d'organisation, détaillés dans le tableau des divers ordres de la classe des insectes, donné par Latreille (1), fournissent les élémens de toutes les divisions dans lesquelles les insectes doivent être placés. J'extrais de ce tableau l'analyse suivante, pour arriver à l'ordre des *coléoptères*

Les insectes ont :

	Des pates seulement ; point d'ailes.	*Aptères.*
	Simultanément des pates et des ailes quelquefois susceptibles d'avorter. I.	
I	Ailes recouvertes par deux étuis ou élytres. II. . . .	*Élyptroptères.*
	Ailes nues ou découvertes. .	*Gymnoptères.*
II	Des mandibules et des mâchoires. III.	
	Ni mandibules, ni mâchoires : un rostre ou sorte de trompe.	7ᵉ **ord.** *Hémiptères.*
III	Élytres entièrement crustacées, toujours horizontales, à suture droite. IV.	
	Élytres coriaces, en toit ou inclinées dans les uns, horizontales ou se croisant au bord interne dans les autres ; les ailes simplement plissées en éventail, ou doublées dans leur longueur.	6ᵉ **ord.** *Orthoptères.*
IV	Ailes pliées transversalement et en partie longitudinalement, d'une manière rayonnée, ou en éventail.	5ᵉ **ord.** *Dermaptères.*
	Ailes simplement pliées en travers.	4ᵉ **ord.** *Coléoptères.*

(1) Cours d'Entomologie. première année, p. 303, 309, 310.

Cette analyse apprend que les *coléoptères*, premier ordre des insectes *ailés*, sont des *élytroptères* ayant des mandibules et des mâchoires; des élytres entièreement crustacés, à suture droite et toujours horizontale; les ailes, dans le repos, simplement plissées en travers sous les élytres.

Dans cet ordre, les ailes sont quelquefois susceptibles d'avorter, et les élytres présentent quelques différences dans leur forme et leur consistance. Quelques espèces ont les élytres libres, pouvant s'ouvrir à volonté; mais dessous celles-ci on ne trouve que des ailes incomplètes et ne pouvant servir à l'action du vol, ou de simples rudiments d'élytres. D'autres espèces ont les élytres très-dures et qui ne peuvent s'ouvrir, étant soudées à leur suture, et embrassant solidement une plus ou moins grande partie de l'abdomen : il n'y a point d'ailes sous ces élytres. Cette sorte d'anatomie paraît présenter une difficulté que l'habitude d'examiner les insectes fait bientôt disparaître ; les élytres sont, d'ailleurs, considérées comme étant des ailes supérieures, ou les remplaçant.

Les coléoptères sont généralement divisés en cinq sections, fondées sur le nombre *apparent* des articles dont leurs tarses sont composés. Ce nombre est variable de deux à cinq. Les tarses forment l'extrémité postérieure des pates.

Je me suis servi du mot *apparent*, pour éviter les difficultés que pourrait faire naître la

contestation qui s'est élevée sur le nombre de
ces articles. Plusieurs entomologistes repoussent
aujourd'hui quelques-unes des divisions établies
sur ce nombre, prétendant que presque tous les
coléoptères sont pentamères. D'autres se bornent à
déclarer que la section des *dimères* n'existe pas,
et que les espèces placées dans cette section appartiennent réellement à celle des *trimères*.

Sans entrer dans une polémique sur ce sujet,
j'ai considéré que, pour arriver à un résultat,
peut-être sans grande importance, il serait embar-
rassant pour les personnes qui n'ont pas un long
usage du scalpel, ou au moins un fort micros-
cope à leur disposition, de prendre un parti dans
cette discussion ; j'ai pensé que, dans l'intérêt du
plus grand nombre, il pouvait être utile, surtout
dans les premiers temps, d'éloigner des difficultés qui, plus tard, pourront être résolues.

Les coléoptères ont :

	Cinq articles ou quatre tarses antérieurs, et quatre seulement à la paire postérieure.	*Hétéromères.*
	Tous les tarses composés d'un même nombre d'articles. I.	
I	Deux articles seulement à tous les tarses.	*Dimères.*
	Plus de deux articles à tous les tarses. II.	
II	Trois articles à tous les tarses.	*Trimères.*
	Plus de trois articles à tous les tarses. III.	
III	Quatre articles à tous les tar-ses.	*Tétramères.*
	Cinq articles à tous les tar-ses.	*Pentamères*

La forme des articles des tarses n'est pas cons-
tamment la même dans les deux sexes ; les mâles ont
assez souvent les deux, trois ou **quatre** premiers
articles des tarses antérieurs seulemeut, ou en
même temps de ceux intermédiaires, plus ou moins
fortement dilatés, soit en carré plus ou moins allongé, soit en forme de cœur, soit en triangle ou en
forme de trapèze. Dans quelques espèces les crochets qui terminent les tarses sont dentelés en dessous.

Ces différences de conformation offrent des
moyens pour l'établissement de quelques sous-
divisions ou genres. Toutefois, la dilatation des
articles des tarses n'est peut-être pas un caractère assez complet; il peut laisser de l'incerti-
tude relativement aux femelles. On a pu classer
celles-ci dans des genres différents de ceux du
mâle, ou les considérer comme espèce distincte.
Ce genre d'erreur a pu quelquefois avoir lieu dans
le classement des espèces exotiques, surtout lorsqu'on ne peut se procurer les deux sexes à la fois.

Les *coléoptères pentamères* sont d'abord divisés
en deux groupes caractérisés par le nombre des
palpes dont ils sont pourvus : six dans les uns,
quatre dans les autres.

Les *pentamères sexipalpes* en ont deux de chaque côté des mâchoires et un de chaque côté de
la lèvre. Les *quadripalpes* n'en ont qu'un de
chaque côté des mâchoires et de la lèvre.

Les premiers sont entomaphages; ils forment

deux familles distinguées par la forme des pates,
qui indique généralement les lieux dans lesquels
les espèces de chacune de ces familles habitent.
Les unes sont terrestres, leurs pates n'étant propres qu'à la course : ce sont les *carabiques*. Les
autres ont leurs pates comprimées ou aplaties
en forme de rames, et sont ainsi organisées pour
la natation; ce sont les *hydrocanthares* : ils vivent dans les eaux tranquilles, les étangs, les
mares, les fossés.

Ces premières données étant établies, toute
personne pourra commencer à distribuer les espèces qu'elle aura recueillies, dans les principaux
groupes qui ont été indiqués. Mais ce n'est là
qu'une faible partie de ce qu'elle devra faire pour
arriver à une classification plus générale et plus
complète. Chaque division, sous-division, famille, genre, espèce, exigeront d'autres recherches,
d'autres travaux qui deviendront d'autant moins
difficiles qu'on sera plus habitué à ce genre d'in-
vestigation, plus familiarisé avec les divers caractères qu'on emploie pour établir les divisions gé-
nérales et partielles.

Après avoir reconnu quels insectes appartiennent à un ordre déterminé, ceux, par exemple,
qui sont coléoptères; après avoir distribué ceux-ci
dans chacune des cinq sections établies sur le
nombre d'articles des tarses; après avoir séparé les
pentamères sexipalpes de ceux qui n'ont que quatre
palpes, et, parmi les premiers, ceux qui sont ter-

restres de ceux qui vivent dans les eaux, on est parvenu à la première famille, celle des *carabiques*. Ces premières données, faciles à saisir, sont à la portée de toutes les personnes qui veulent s'occuper d'entomologie. La méthode analytique nous a conduits à ces premiers élémens de classification ; elle doit servir encore pour arriver à la formation des diverses subdivisions dans lesquelles les espèces doivent être placées.

Les carabiques ont été répartis dans plusieurs tribus ; d'abord au nombre de six, par Latreille (1), portées depuis à huit par M. le général Dejean (2), J'ai adopté la première répartition, comme étant suffisante, au moins pour les espèces dont j'aurai à m'occuper. Chacune de ces tribus est composée d'un plus ou moins grand nombre de genres, dont plusieurs appartiennent exclusivement à des insectes étrangers à notre localité. Parmi les autres, j'ai réuni, sous le nom d'*anchomenus*, les trois genres, *anchomenus*, *agonum* et *olistopus*, qui ne me paraissent pas distingués entre eux d'une manière satisfaisante. Toutefois, j'indique succinctement les caractères de ces genres, afin que chacun puisse se déterminer sciemment pour admettre ou rejeter cette réunion.

En général, les coléoptères ont été dans ces derniers temps, et sont encore, chaque jour, di-

---

(1) Hist. nat. et inconographie des coléoptères d'Europe. 1ère livraison, t. 3.

(2) Species des coléoptères de sa collection.

visés arbitrairement en une immensité de genres
nouveaux. Je dis arbitrairement, parce que quelques entomologistes de notre époque, ne voulant
reconnaître aucune limite à leur système d'inno-
vation, se sont moins arrêtés sur la qualité des
caractères qu'ils admettent ou qu'ils établissent,
que sur les moyens d'en augmenter indéfiniment
le nombre.

Cette manière d'agir me paraît être une entrave,
une grave difficulté pour l'étude de l'entomologie,
la connaissance et le classement des espèces; il fait
consumer un temps considérable en recherches
quelquefois vaines ou à peu près sans utilité.
Cette multitude de genres, le peu d'importance
ou l'exiguïté de quelques-uns des prétendus caractères sur lesquels plusieurs de ces genres reposent,
ont été stigmatisés par le Nestor des entomologistes français. Il s'exprime ainsi dans l'un de ses
ouvrages : *Et si his differentiis fudarentur cha-
racteres generici mox generum limites assignari
non possent* (1).

Je ferai encore observer que cette série crois-
sante d'innovations s'est étendue aux espèces qui
ne sont pas toujours suffisamment caractérisées,
ou dont les différences au moyen desquelles on
cherche à les séparer sont quelquefois à peine
saisissables, ou trop peu distinctes, ou variables,

---

(1) *Genera crustaceorum et insectorum*, t. 3, p. 319. — Voir
encore le Cours d'Entomologie de ce savant professeur, 1ère année,

telles, par exemple, de légères nuances dans la teinte des couleurs, la plus ou moins grande étendue de celle-ci, des différences peu sensibles dans les dimensions de certaines parties du corps; telles encore quelques rides, une ponctuation plus ou moins régulière ou perceptible sur quelques-unes de ces parties, surtout dans les espèces de petites dimensions.

Je cite à ce sujet quelques *anchomenus*, *amara*, *bembidium*, ces derniers surtout, chez lesquels les différences indiquées sont variables ou incertaines. Sans entrer dans aucune discussion sur ce sujet, j'énonce simplement que ces espèces ne me paraissent être que des variétés d'autres espèces connues que je désigne.

J'ai adopté les dénominations latines, des genres et espèces, employées par M. le général Dejean, et les motifs qui l'ont déterminé à remplacer ainsi les noms français, ceux d'un moyen plus facile de communication, et d'éviter, dans les correspondances, des erreurs de nomenclature, les noms latins étant généralement admis ou connus par les entomologistes de tous les pays.

Si ce nouvel Essai peut être utile à quelques-uns de mes compatriotes, s'il peut éclairer leurs premiers pas, leur faciliter la connaissance et le classement de la première famille des coléoptères de notre contrée, j'aurai atteint, en partie, le but que je me suis proposé. Il le serait complétement s'il pouvait appeler et exciter l'attention de plusieurs sur notre entomologie locale.

J'ai puisé les divers élémens de cette mono-graphie dans les ouvrages de Fabricius, Olivier, Latreille, dans divers Mémoires, Extraits et Observations, insérés dans les Annales de la Société entomologique de France. Enfin, à quelques légères exceptions près, j'ai suivi la méthode de classification du *species* des coléoptères de M. le général Dejean.

EXPLICATION

DES

ABRÉVIATIONS DES SYNONYMIES.

Fabr. syst. Eleuth. — *Fabricius, systema Eleuthe-ratorum.* 2 vol in-8°.

Oliv. 34, 35. — Olivier, 34° et 35° pages, his-toire naturelle des insectes (coléoptères), 5 vol. in-4°, fig. col.

Oliv. Enc. méthod. — Olivier, encyclopédie mé-thodique.

Latr. t. — Latreille, histoire naturelle des crus-tacés et des insectes, tome 8, suite du Buffon, édition de Sonini.

Latr. gen. — Latreille, *Genera crustaceorum et in-sectorum*, 4 vol. in-8°.

Dej. sp. — M. le général Dejean ; *species* des coléoptères de sa collection. 5 vol. in-8° trai-tant uniquement des carabiques.

Id. Icon. — Iconographie des coléoptères d'Eu-rope, par M. le général Dejean et M. le docteur Boisduval. 4 vol. in-8°, fig. col. (famille des carabiques.)

MONOGRAPHIE

DES

CARABIQUES.

J'ai fait connaître, dans l'introduction qui précède, les divers caractères qui distinguent les insectes, et, parmi eux, ceux de la famille des carabiques. L'analyse de ces caractères a donné pour résultat que ceux-ci sont des insectes ailés, *coléoptères*, *pentamères*, *sexipalpes-terrestres*. Ils forment une des familles les plus nombreuses en genres et en espèces, dont la plus grande partie est étrangère à notre localité.

Dans cette position, j'ai dû resserrer le cadre de répartition des insectes de cette famille, le réduire à des proportions en harmonie avec la petite quantité des objets qui doivent y prendre place, restreindre le nombre des sous-divisions et genres à ce qui me paraissait être absolument nécessaire. J'ai pensé que c'était un moyen d'arriver plus promptement et plus sûrement à la connaissance et au classement des espèces. En adoptant avec Latreille le système de répartition des *carabiques* en six tribus, je conserve à chacune d'elles les noms qui leur ont été imposés par M. le général Dejean (1); seulement je réunis en une seule, sous le nom de *pattellimanes*, les 5ᵉ, 6ᵉ et 7ᵉ tribus de cet auteur, ses *patellimanes*, *féroniens* et *harpaliens*. J'admets d'ailleurs le tableau analytique de ces tribus, tel qu'il est présenté dans les deux ouvrages de ce savant entomologiste (2).

> Mâchoires terminées par un onglet articulé. . . . . 1ʳᵉ tr. *Cicindélètes.*
> Mâchoires terminées en pointe ou en crochet sans articulation. I.

---

(1) Sp. des coléoptères, t. 1, p. 3
(2) Sp. des coléoptères de sa collection.
Iconographie des carabiques. Dejean et Boisduval.

<table>
<tr><td rowspan="2">I</td><td>Palpes extérieurs subulés ou en forme d'alêne. . . . .</td><td>6e tr. Subulipalpes.</td></tr>
</table>

I
- Palpes extérieurs subulés ou en forme d'alêne. . . . . 6ᵉ tr. *Subulipalpes.*
- Palpes non subulés. II.

II
- Côté interne des jambes antérieures fortement échancré. III.
- Jambesantérieures sans échancrure apparente au côté interne. . . . . 4ᵉ tr. *Simplicipèdes.*

III
- Extrémité des élytres tronquée. . . . . 2ᵉtr. *Troncatipennes.*
- Extrémité des élytres entière ou légèrement sinuée. IV.

IV
- Tarses semblables dans les deux sexes. . . . . 3ᵉ tr. *Scaritides.*
- Les premiers articles des tarses antérieurs dilatés dans les mâles. . . . . 5ᵉ tr. *Patellimanes.*

PREMIÈRE TRIBU. — *Cicindélètes.*

Le caractère distinctif des insectes de cette tribu réside spécialement dans la forme des mâchoires terminées par un onglet articulé à leur extrémité ; organisation peu facile à reconnaître dans les individus desséchés. Les autres caractères qui servent à les distinguer sont : mandibules grandes et armées de fortes dents, antennes minces, filiformées ou sétacées.

Le département du Puy-de-Dôme n'offre qu'un petit nombre d'espèces de cette tribu, toutes du seul genre *cicindela*.

PREMIER GENRE. — *Cicindela.* Fabr. Oliv. Latr. Dej.

Palpes labiaux ne dépassant pas en longueur les palpes maxillaires. Les trois premiers articles des tarses antérieurs du mâle dilatés et allongés. Abdomen des mâles composé de sept anneaux, dont l'avant-dernier est échancré : celui de la femelle ne présente que six anneaux. Tête de la largeur du corselet, les yeux gros ou très-saillants, corselet marqué d'un sillon longitudinal dans le milieu.

Quelques espèces répandent une odeur de rose assez forte.

Les *cicindela* se trouvent, en général, dans les lieux sabloneux et sur les bords des eaux courantes.

1. *Cicindela campestris.* Longueur 5, 6 1/2 lignes. Largeur 2 1/2, 2 3/4 lignes.

Fabr., t. 1, p. 233. Oliv. 33, n° 8. Latr., t. 8, p. 209. Dej., t. 1, p. 59. Id. Icon. t. 1, p. 16, pl. 2, fig. 9.

Verte. Premier article des antennes, écusson, côtés de la poitrine, cuisses et jambes d'un rouge cuivreux. Abdomen d'un vert bleuâtre. Labre jaunâtre. Palpes et tarses d'un vert bronzé. Elytres marquées de six points blancs, dont cinq sur le bord extérieur, et le sixième rapproché de la suture, au-dessous de la base, entouré de noirâtre.

Quelques-uns de ces points manquent quelquefois. D'autres fois les deux points de l'extrémité, et plus rarement ceux de la base, sont réunis, formant alors un ou deux croissants.

2. *Cicindela hybrida.* Longueur 5 1/2, 6 1/2 lignes. Largeur 2 1/2, 2 3/4 lignes.

Fabr., t. 1, p. 234. Oliv. 33, n° 8. Latr., t. 8, p. 207. Dej., t. 1, p. 64. Id. Icon., t. 1, p. 19, pl. 2, fig. 6.

D'un vert bronzé. Premier article des antennes, extrémité des jambes et abdomen d'un vert bleuâtre. Ecusson, suture des élytres, côtés de la poitrine et dessous du corselet, cuisses et jambes d'un rouge cuivreux. Tarses et palpes d'un vert bronzé. Deux taches en croissant dans le milieu, et une bande transversale, dentée et sinuée, blanches, sur chaque élytre.

3 *Cicindela sylvicola.* Longueur 6, 7 lignes. Largeur 2 1/3, 2 3/4 lignes.

Dej., t. 1, p. 67. Id. Icon., t. 1, p. 23, pl. 3, fig. Cicind. hybridat. Var. B. L.

Un peu plus verte que la précédente ; labre un peu plus avancé. Corselet un peu moins carré. Lunule blanche, humérale interrompue, formant deux points distincts. Extrémité des élytres non dentelée. Tel est le signalement de cette espèce, donné par M. le général Dejean. Ces différences suffisent-elles pour constituer une espèce particulière ? je ne le crois pas. Il est à remarquer que la lunule humérale est quelquefois interrompue dans l'*hybrida* (1), et que souvent elle ne l'est pas dans la *sylvicola* de notre pays (2). Il ne reste donc, pour les distinguer l'une de l'autre, que la dentelure de l'extrémité des élytres, à peine distincte dans l'*hybrida*, même avec l'aide d'une assez forte loupe.

4. *Cicindela Lugdunensis*. Longueur 4 lignes. Largeur 1 1/2 ligne.

Dej., t. 1, p. 77. Id. Icon., t. 1, p. 33, pl. 4, fig. 3. *Cicind. sinuata*. Var. ? B. L.

D'un vert obscur ou cuivreux. Abdomen d'un vert bleuâtre. Pates d'un vert cuivreux. Palpes jaunâtres, leur dernier article d'un vert noirâtre. Corselet presque couvert de poils blancs. Elytres marquées chacune d'une tache en croissant, sur l'angle de la base et sur l'extrémité, et d'une bande dans le milieu, transversale, dentée et sinuée, blanches : les croissants se prolongent sur les bords extérieurs jusques auprès de la bande transversale.

Je l'ai trouvée sur les bords de la Dore.

5. *Cicindela sylvatica*. Longueur 7, 8 lignes. Largeur 2 1/2, 3 lignes.

Fabr., t. 1, p. 235. Oliv. 33, n° 12. Latr., t. 8, p. 207. Dej., t. 1, p. 71. Id. Icon., t. 1, p. 29, pl. 3, fig. 8.

D'un noir un peu bronzé en dessus, d'un bleu verdâtre en dessous. Premiers articles des antennes mélangés de vert et de cuivreux. Elytres marquées de quelques points enfoncés et variolés. Elles ont chacune une tache humérale, en croissant, une bande, dans le milieu, transversale et sinuée, et un point postérieur d'un blanc jaunâtre. Cuisses d'un bleu métallique. Jambes et tarses bronzés, verts ou violets.

Bois de Lezoux.

---

(1) Dej., t. 1, p. 67.
(2) Id. Ibid., p. 68.

6. *Cicindela germanica.* Longueur 4 , 5 lignes. Largeur
1 1/4 , 1 1/2 lignes.

Fabr., t. 1, p. 237. Oliv. 33 , n° 20. Latr., t. 8,
p. 210. Dej. t. 1, p. 138. Id. Icon, t. 1, p. 49, pl. 6, fig. 2.
Verte en dessus, d'un bleu verdâtre, brillant
en dessous. Labre et palpes jaunâtres ; le dernier
article de ceux-ci d'un noir bronzé. Antennes noirâtres, leur base d'un vert cuivreux. Élytres d'un
vert bleuâtre, ou d'un bleu violet, marquées chacune de trois taches blanches, marginales ; celle
de l'extrémité en forme de croissant. Cuisses d'un
vert bronzé ; pates et tarses d'un bronzé-cuivreux.

SECONDE TRIBU. — *Troncatipennes.*

Tous les insectes de cette tribu et des suivantes ont
les mâchoires terminées en pointe, ou en crochet non
articulé sur leur extrémité. Les palpes ne laissent apercevoir que trois articles distincts.

Le nom de *troncatipennes* indique le caractère parti-
culier des insectes de cette tribu ; c'est d'avoir les élytres tronquées plus ou moins carrément, ou très-
obtuses à leur extrémité. Les jambes sont très-forte-
ment échancrées à leur côté interne. Leurs palpes ne
sont pas subulés.

Notre département fournit quatre genres des insectes
de cette tribu, en réunissant sous le nom générique de
Lébia , les genres *demetrias*, *dromius*, *lebia* et *cymindis*,
qui ont tous un caractère commun, celui d'avoir les
crochets des tarses dentelés en dessous.

Crochets des tarses sans dentelures en dessous. I.

Crochets des tarses dentelés
en dessous. . . . . 4e genre. *Lebia.*

Dernier article des palpes plus
ou moins séculiforme. II.

I — Dernier article des palpes cylindriques, ou grossissant in-
sensiblement vers l'extrémité. 3e gre. *Brachinus.*

Mandibules avancées, presque
II — droites . . . . 1er gre. *Drypta.*

Mandibules courtes et peu
avancées . . . . 2e gre. *Polistichus.*

DEUXIÈME GENRE. — *Drypta.* Fabr. Latr. Dej.
Cicindela. Oliv.

Dernier article des palpes, allongé, fortement sécuriforme. Mandibules avancées, presque droites; leur
premier article au moins aussi long que la tête, grossissant vers l'extrémité; le second très-court. Tête
triangulaire. Corselet long, étroit, presque cylindrique.
Avant-dernier article des tarses fortement bilobé. Crochets des tarses sans dentelures en dessous.

1. *Drypta emarginata.* Longueur 4 lig. Largeur 1 1/2 lig.
Fabr., t. 1, p. 250. Oliv. 33. Cicindela, n° 35.
Latr., t. 8, p. 264. Dej., t. 1, p. 176. Id. Icon.,
t. 1, p. 66, pl. 7, fig. 6.

D'un bleu verdâtre luisant; pointillée. Bouche
et antennes d'un fauve rougeâtre; le premier article de celles-ci et l'extrémité des deux suivants
noirâtres. Corselet plus étroit postérieurement.
Elytres échancrées à leur extrémité, marquées
de stries de points enfoncés, assez gros.

On la trouve au printemps et en automne dans
les lieux humides et sur les bords des eaux courantes. Je l'ai rencontrée plusieurs fois, en troupes
assez nombreuses, sous des débris de végétaux que
l'Allier, dans ses crues, amoncèle sur ses rives.

TROISIÈME GENRE. — *Polistichus.* Dej. *Zuphium.*
Latr. *Galerita. Carabus.* Oliv.

Dernier article des palpes allongé, sécuriforme.
Premier article des antennes moins long que la tête.
Corselet cordiforme. Corps aplati. Articles des tarses
courts, presque bifides, les crochets de ceux-ci sans
dentelures en dessous.

1. *Zuphium faciolatum.* Longueur, 3 1/4, 4 1/2 lignes.
Largeur 1, 1 1/2 lig.
Fabr., t. 1, p. 316. Oliv. 35, n° 130. Latr. *Ga-*
lerita, t. 8, pag. 265. Id. *Zuphium.* Gen., t. 1,
pag. 198. Dej., t. 1, p. 194. Id. Icon., t. 1, p. 72,
pl. 7, fig. 7

Brun. Bouche et antennes fauves. Tête et corselet d'un brun rougeâtre et pointillés. Corselet
allongé, plus étroit postérieurement. Elytres assez

iortement striées , portant chacune une bande longitudinale, assez large, d'un brun rougeâtre, n'al-
lant pas jusqu'à l'extrémité. Dessous du corps et
pates d'un fauve rougeâtre.

QUATRIÈME GENRE. — *Brachinus*. Fabr. Dej. Latr.
Carabus. Oliv.

Dernier article des palpes un peu plus gros que les
précédents. Antennes filiformes. Corselet cordiforme.
Corps non aplati. Elytres ovales, aussi larges à la
base qu'à leur extrémité. Crochets des tarses non dentelés en dessous.

Ces insectes ont la faculté, lorsqu'on les touche ou
les inquiète, de lancer par l'anus une liqueur causti-
que, volatile et détonnante. On les trouve dans les
champs et sous les pierres.

1. *Brachinus crepitans.* Longueur 3 , 4 lignes. Largeur
   1 1/4, 1 1/2 lignes.
   Fabr., t. 1, p. 219. Oliv. 35 , n° 80. Latr., t. 8,
   p. 263. Dej., t. 1, p. 318. Id. Icon., t. 1, p. 318.
   Id. Icon., t. 1, p. 161, pl. 17, fig. 4.
   D'un brun obscur en dessous. Bouche, antennes , tête , corselet, écusson et pates rouges ;
   l'extrémité des troisième et quatrième articles des
   antennes noirâtre. Elytres noirâtres, ou d'un
   noir bleuâtre ou verdâtre, marquées de côtes
   peu élevées. Milieu de la poitrine plus ou moins
   rougeâtre.

2. *Brachinus explodens.* Longueur 2 , 3 lignes. Largeur
   1, 1 1/4 lignes.
   Dej., t. 1, p. 220. Id. Icon., t. 1, p. 164, pl.
   17, fig. 7.
   Il ne me paraît être qu'une variété du précédent, avec lequel on le trouve souvent. Il n'en
   diffère que par la teinte plus bleue des élytres , et
   par de plus petites dimensions qui rendent les
   côtes des élytres moins apparentes.

3. *Brachinus sclopeta.* Longueur 2 , 2 1/2 lig. Largeur
   1, 1 1/4 lig.
   Fabr., t. 1, p. 220. Latr., t. 8, p. 188. Dej., t. 1,
   p. 322. Id. Icon., t. 1, p. 167, pl. 18, fig. 5.
   Dessous du corps, pates, bouche, tête, cor-

selet et écusson rougeâtres. Elytres bleues ou d'un bleu verdâtre; leur suture rouge depuis la base jusque vers le milieu.

CINQUIÈME GENRE. — *Lebia.* Latr. Dej. *Cymindis.* Latr. Dej. *Dromius.* Dej. *Demetrias.* Dej. *Carabus.* Fabr. Oliv.

Elytres tronquées carrément à leur extrémité. Corps aplati. Jambes antérieures échancrées au côté interne. Crochets des tarses dentelés en dessous.

Dernier article des palpes labiaux, plus ou moins sécuriforme. — Genre *Cymindis.* Dej.

1. *Lebia homagrica.* Longueur 3 1/4, 4 1/2 lig. Largeur 1 1/4, 1 3/4 lig.

Dej., *Cymindis,* t. 1, p. 208. Id. Icon., t. 1, p. 83, pl. 8, fig. 7.

Noire, pointillée. Palpes, labre et antennes fauves. Corselet d'un rouge ferrugineux, presque lisse dans le milieu. Elytres marquées de stries ponctuées; les bords extérieurs et une tache humérale allongée, détachée du bord, d'un rouge ferrugineux. Milieu de la poitrine et du dessous du corselet d'un fauve rougeâtre. Pates ferrugineuses. Très-rare.

Dernier article des palpes cylindrique ou presque ovulaire, tronqué à l'extrémité. Corselet plus ou moins cordiforme, presque aussi long que large. Dromius. Demetrias. Dej.

Les insectes de cette sous-division et de la suivante se trouvent sous les écorces et sous les pierres.

2. *Lebia atricapilla.* Longueur 2 lig. Largeur 3/4 lig.

Fabr., t. 1, p. 186, n° 86? Dej., t. 1, p. 231. Id. Icon., t. 1, p. 103, pl. 14, fig. 3.

D'une couleur testacée, pâle. Tête noire ou noirâtre; sa partie antérieure d'un fauve obscur. Pates et antennes testacées. Corselet plus foncé. Elytres plus pâles, pointillées, très-légèrement striées, la suture un peu obscure. Une tache obscure, plus ou moins apparente, sur le milieu de chaque anneau de l'abdomen.

Se trouve dans les champs: je l'ai trouvée souvent sur les tiges et fleurs des fèves des champs.

3. *Lebia elongatula.* Longueur 2 1/4 lig. Larg. 3/4 lig.

Fabr., t. 1, p. 186, n° 86? Oliv. 35, n° 155. Latr., t. 8, p. 251. Dej., t. 1, p. 232. Id. Icon., t. 1, p. 104, pl. 14, fig. 4.

Elle n'est, je crois, qu'une légère variété de la précédente, dont elle ne diffère que très-peu. Elle est plus pâle. Tête noire ou noirâtre. Bouche et antennes d'un fauve pâle. Corselet rougeâtre. Elytres d'un testacé pâle, pointillées, très-légèrement striées, leur suture obscure. Abdomen noir, ses derniers articles fauves. Pattes pâles.

4. *Lebia linearis.* Longueur 2 lignes. Largeur 1/2 lig.

Dej., t. 1, p. 233. Id. Icon., t. 1, p. 107, pl. 11, fig. 4.

Allongée. Bouche, tête, corselet et dessous du corps d'un fauve rougeâtre, moins foncé sur le labre et les antennes. Elytres d'un testacé pâle, striées et pointillées. Pattes d'un jaune pâle.

5. *Lebia melanocephala.* Longueur 1 3/4 lig. Largeur 2/3 lig.

Dej., t. 1, p. 234. Id. Icon., t. 1, p. 109, pl. 11, fig. 5.

Bouche, antennes et corselet d'un jaune testacé. Tête d'un noir luisant très-foncé. Ecusson d'un jaune pâle. Elytres d'un testacé pâle, sans stries distinctes ; ayant quelquefois, sur l'extrémité de la suture, une tache noirâtre assez grande. Dessous du corps et pattes d'un jaune clair sans taches.

6. *Lebia quadrisignata.* Longueur 1 3/4 lignes. Largeur 2/3 lig.

Dej., t. 1, p. 236. Id. Icon., t. 1, p. 111, pl. 11, fig. 7.

Bouche et antennes d'un jaune pâle. Tête noire. Corselet d'un roux presque ferrugineux, lisse. Elytres testacées, légèrement striées, marquées chacune d'une tache obscure, triangulaire, qui s'étend sur la suture et s'y réunit à une bande transversale de la même couleur, placée au-dessous du milieu. Dessous du corps d'un brun noirâtre. Pates d'un jaune testacé.

7. *Lebia quadrimaculata.* Longueur 2 1/2 lig. Largeur 1 lig.

Fabr., t. 1, p. 207. Oliv. 35, no 150. Latr., t. 8,
p. 251. Dej., t. 1, p. 239. Id. Icon., t. 1, p. 115,
pl. 12, fig. 4.

D'un noir obscur en dessous. Palpes et antennes
rougeâtres. Tête noire. Corselet et écusson fauves.
Elytres déprimées, noirâtres, légèrement striées,
marquées de deux taches d'un jaune pâle : l'une,
près de la base, grande, oblongue ; l'autre, vers
l'extrémité, petite et irrégulière. Pates d'un jaune
pâle.

Var. *Lebia apicalis*. B. L. D'un noir luisant en
dessous. Poitrine rousse. Bouche et antennes d'un
fauve jaunâtre. Tête noire, finement ponctuée.
Corselet et écusson rougeâtres. Elytres noires,
marquées chacune d'une tache d'un jaune pâle,
assez grande, arrondie, placée dans le milieu, au-
dessous de la base. L'extrémité des élytres est
aussi d'un jaune pâle, formant une tache assez
grande. Pates d'un jaune pâle.

8. *Lebia quadrinotata*. Longueur 1 3/4 lignes. Largeur
1/2 lig.

Dej., t. 1, p. 238. Id. Icon., t. 1, p. 114, pl. 12,
fig. 2.

Abdomen, tête et écusson noirs. Bouche et antennes testacées. Corselet d'un fauve brun, presque noirâtre antérieurement. Elytres d'un noir
brun, striées, marquées de deux grandes taches
d'un jaune pâle, l'une au-dessous de la base,
l'autre au-dessus de l'extrémité, vers la suture.
Dessous du corselet d'un brun roussâtre. Pates
jaunâtres.

9. *Lebia agilis*. Longueur 2 3/4 lig. Largeur 1 lig.

Fabr., t. 1, p. 185. Dej., t. 1, p. 240. Id. Icon.,
t. 1, p. 118, pl. 12, fig. 6.

Bouche, antennes et corselet rougeâtres. Tête
noirâtre sur son sommet. Ecusson brun. Elytres
d'un brun noirâtre, striées, ayant chacune deux
lignes de points enfoncés, quelquefois peu apparents. Dessous du corps rougeâtre, l'extrémité de
l'abdomen noire. Pates jaunâtres.

Var. A. *Carabus fenestratus*. Fabr., t. 1, p. 209.
Dej. Icon., t. 1, p. 116, pl. 12, fig. 5.

Palpes et antennes d'un fauve pâle. Tête brune. Corselet rougeâtre. Elytres d'un brun roussâtre, striées, marquées chacune de deux taches d'un jaune pâle, l'une au-dessous de la base, l'autre plus petite, quelquefois peu apparente, au-dessus de l'extrémité. Dessous du corps roussâtre ; l'extrémité de l'abdomen roussâtre. Pates d'un fauve pâle.

Var. B. *Lebia bimaculata*. B. L. Dej., 1er catalogue.

Noirâtre. Bouche et antennes fauves. Tête d'un fauve obscur ou rougeâtre, ses bords latéraux d'un rouge pâle. Elytres noirâtres, légèrement striées, marquées chacune de deux taches d'un jaune pâle : l'une au-dessous de la base, l'autre au-dessus de l'extrémité ; le bord postérieur d'un jaune pâle. Pates pâles.

10. *Lebia punctatella*. Longueur 1 1/2. Larg. 3/4 lig.

Dej., t. 1, p. 247, n° 17. Id. Icon., t. 1, p. 126, pl. 13, fig. 5.

D'un noir brillant en dessous. D'un bronzé noirâtre en dessus. Palpes et antennes noirâtres. Corselet presque orbiculaire. Elytres légèrement striées, marquées chacune de deux points enfoncés, distincts. Tarses bruns.

Lebia. Latr. Dej. *Carabus*. Fabr. Oliv.

Dernier article des palpes cylindrique ou presque ovalaire, tronqué à son extrémité. Corselet court, un peu prolongé postérieurement dans son milieu. Elytres presque carrées. Avant-dernier article des tarses bifide.

11. *Lebia cyanocephala*. Long. 2 1/4, 3 1/4 lig. Larg. 1, 1 1/2 lig.

Fabr., t. 1, p. 100. Oliv. 35, n° 125. Latr. t. 8, p. 247. Dej., t. 1, p. 256. Id. Icon., t. 1, p. 134, pl. 14, fig. 6.

Palpes et antennes d'un noir brun ; le premier article de celles-ci rougeâtre. Tête d'un bleu verdâtre, pointillée. Corselet rouge. Elytres vertes ou bleues, brillantes, finement pointillées et striées. Poitrine et abdomen d'un bleu verdâtre, luisant. Pates d'un rouge ferrugineux. Extrémité des cuisses et tarses noirâtres.

12. *Lebia chlorocephala.* Longueur 2 1/2, 3 lig. Largeur
1 1/4, 1 1/2 lig.

Dej., t. 1, p. 257. Id. Icon., t. 1, p. 136, pl. 14,
fig. 7.

Bouche noire. Antennes noirâtres, leurs deux
premiers articles et la base du troisième rougeâtres. Tête d'un vert brillant. Corselet, élytres et
abdomen comme dans la précédente. Deux points
enfoncés sur la troisième strie, vers la suture.
Pates rouges, les tarses noirâtres.

Rare.

13. *Lebia cyathigera.* Longueur 2 1/4, 2 3/4 lig. Largeur 1 1/4, 1 1/2 lig.

Dej., t. 1, p. 260. Id. Icon., t. 1, p. 138, pl. 15,
fig. 2.

Bouche et antennes ferrugineuses. Tête noire.
Corselet rouge. Ecusson noirâtre. Elytres fauves
pointillées et striées; deux points enfoncés près
de la troisième vers la suture; trois taches noires
sur chacune; l'une arrondie, près du bord extérieur vers l'extrémité; les deux autres quelquefois réunies sur le bord postérieur de la suture.
Dessous du corps noir. Pates rouges.

14. *Lebia crux minor.* Longueur, 2 3/4, 3 lig. Larg. 1
1/3, 1 2/3 lig.

Fabr., t. 1, p. 202. Oliv., 35. Car. *Crux major*,
n° 132. Latr., t. 8, p. 251. Dej., t. 1, p. 261. Id.
Icon., t. 1, p. 139, pl. 15, fig. 3.

Pates et antennes noirâtres; les trois premiers
articles de celles-ci d'un rouge ferrugineux. Tête
noire. Corselet rouge. Ecusson noirâtre. Elytres
légèrement striées, rougeâtres, avec la suture,
une tache scatellaire, une bande transversale, dilatée vers la suture et le bord postérieur, noires.
Dessous du corps noir. Pates rouges, l'extrémité
des cuisses noire; les tarses noirâtres.

15. *Lebia nigripes.* Longueur 2 3/4 lig. Larg. 1 1/4 lig.

Dej., t. 1, p. 262. Id. Icon., t. 1, p. 141, pl. 15,
fig. 4.

Dessous du corps, tête et pates d'un noir luisant. Palpes et antennes noirâtres; le premier article de celles-ci et la base du second rougeâtres.

Corselet d'un rouge ferrugineux, lisse. Écusson
noir. Elytres d'un jaune testacé, striées, avec une
tache scutellaire, la suture, une bande transversale, dilatée extérieurement, et le bord extérieur
noirs.

16. *Lebia turcica.* Longueur 2, 2 1/2 lig. Largeur 1,
1 1/4 lig.

Fabr., t. 1, p. 203. Oliv. 35, n° 136. Latr., t. 8,
p. 250. Dej., t. 1, p. 263. Id. Icon., t. 1, p. 142,
pl. 15, fig. 5.

Bouche, antennes et corselet d'un fauve rougeâtre. Tête noire, pointillée. Elytres noires,
striées, ayant chacune, près de la base, une
tache extérieure et irrégulière, fauve ainsi que le
bord extérieur. Dessous du corps noir. La poitrine et une tache sur le milieu de l'abdomen,
fauves. Pates d'un fauve pâle.

17. *Lebia hemorrhoïdalis.* Longueur 2, 2 1/2 lig. Largeur 1, 1 1/4 lig.

Fabr., t. 1, p. 203. Oliv. 35, n° 136. Latr., t. 8,
p. 250. Dej., t. 1, p. 266. Id. Icon., t. 1, p. 145,
pl. 15, fig. 8.

Bouche, antennes, corselet, extrémité des élytres, derniers anneaux de l'abdomen, tant en
dessus qu'en dessous, rougeâtres. Elytres et abdomen d'un noir bleuâtre. Tête lisse. Elytres légèrement striées. Pates rougeâtres.

TROISIÈME TRIBU. — *Scaritides.*

Tarses des deux sexes semblables ou sans différence
sensible. Abdomen séparé du corselet par une sorte de
pédicule. Elytres entières ou légèrement sinuées vers
l'extrémité. Jambes antérieures fortement échancrées
au côté interne vers l'extrémité.

Antennes moniliformes. Corselet
  carré ou globuleux. . . . . . . 6e gre. *Clivina.*
Antennes filiformes. Corselet cor-
  diforme ou en croissant. . . . 7e gre. *Ditomus.*

SIXIÈME GENRE. — *Clivina.* Latr. Dej. *Scarites.*
Fabr. Oliv.

Jambes antérieures plus ou moins palmées extérieurement. Dernier article des palpes labiaux presque

lindrique. Labre court, presque coupé carrément. Antennes moniliformes, leur premier article aussi long que les deux suivants réunis.

Milieu du corselet marqué d'un sillon longitudinal. Ces insectes se trouvent dans les lieux sablonneux.

Corselet carré.

1. *Clivina arenaria.* Longueur 2 1/2, 3 1/4 lig. Largeur 2/3, 1 lig.

Fabr., t. 1, p. 125. Oliv. 36, n° 16. Latr., t. 8, p. 379. Dej., t. 1, p. 413. Id. Icon., t. 1, p. 215, pl. 23, fig. 1.

Presque noire, ou brune, ou testacée. Antennes et palpes ferrugineux. Corselet convexe, noirâtre, un peu plus large que la tête. Elytres marquées de stries ponctuées. Dessous du corps noirâtre. Pates ferrugineuses. Cuisses postérieures renflées.

Var. A. Dej. *Clivina collaris.* Tête et corselet noirâtres. Elytres d'un brun pâle.

Var. B. *Cliv. discipennis.* Semblable à la précédente. Une tache noirâtre sur la suture.

Var. C. B. L. Plus grande que l'espèce. Jambes et tarses noirâtres.

2. *Clivina nitida.* Longueur 2, 2 1/2 lig. Largeur 2/3, 3/4 lig.

Oliv. 36. *Scarites thoracicus,* n° 17. Latr. *Cliv. thoracica,* t. 8, p. 379. Dej., t. 1, p. 421. Id. Icon., t. 1, p. 218, pl. 23, fig. 4.

D'un bronzé verdâtre, plus ou moins luisant, ou noirâtre en dessus; d'un noir plus ou moins foncé en dessous. Bouche et antennes d'un brun ferrugineux; le premier article des antennes ordinairement plus rouge. Corselet très-convexe et lisse. Elytres convexes, plus larges que le corselet, marquées de stries ponctuées. Jambes antérieures armées de trois fortes épines, deux à l'extrémité, l'autre vers la base de l'échancrure.

Il est difficile de déterminer les synonymies de plusieurs petites espèces voisines de celles-ci, qui ont de grandes ressemblances entre elles, et qui pourraient bien n'en être que des variétés.

Corselet presque globuleux.

3. *Clivina gibba.* Longueur 1 1/4 lig. Larg. 1/2 lig.
Fabr., t. 1, p. 126. Oliv. 36, n° 19. Dej., t. 1,
p. 428. Id. Icon., t. 1, p. 227, pl. 25, fig. 3.
Noire ou noirâtre en dessous. D'un brun noirâtre et bronzé en dessus. Bouche, antennes et
pates ferrugineuses. Tête lisse; les yeux très-
saillants. Corselet lisse, le sillon longitudinal peu
marqué. Elytres convexes, marquées de stries
ponctuées, presque effacées près des bords.

SEPTIÈME GENRE. — *Ditomus.* Dej. *Aristus.* **Latr.**
Scarites. Oliv. *Carabus*, *scaurus.* **Fabr.**

Jambes antérieures fortement échancrées au côté
interne. Dernier article des palpes labiaux presque
cylindrique. Antennes moniliformes. Corselet en croissant ou cordiforme.

1. *Ditomus fulvipes.* Longueur 3 3/4, 5 lig. Larg. 1 1/3,
1 2/3 lig.
Dej., t. 1, p. 444. Id. Icon., t. 1, p. 241, n° 6,
pl. 26, fig. 7.
Noir, pointillé. Labre, palpes, antennes et
pates d'un brun rougeâtre. Mandibules noirâtres.
Tête un peu enfoncée en devant. Corselet cordiforme, avec une petite impression postérieure
transversale. Elytres marquées de stries ponctuées.
Se trouve sous les pierres.

2. *Ditomus sulcatus.* Longueur 4 1/2, 5 1/2 lig.; largeur 1 3/4, 2 1/4 lig.
Fabr., t. 1, p. 122. Oliv. 36, n° 14. Latr., t. 8,
pag. 372. Dej., t. 1, p. 446. Id. Icon., t. 1, p. 246,
pl. 27, fig. 5.
Noir, luisant. Antennes et labre d'un brun ferrugineux. Tête et corselet pointillés. Celui ci court,
en forme de croissant. Elytres marquées de stries
fortement ponctuées. Pates d'un brun noirâtre;
épines des jambes et tarses d'un brun ferrugineux.
Je l'ai trouvé sur les bords sablonneux de
l'Allier.

QUATRIÈME TRIBU. — *Simplicipèdes.*

Jambes sans échancrure apparente au côté interne. Palpes non subulés. Elytres entières ou simplement sinuées vers l'extrémité.

Elytres carénées latéralement, embrassant une partie de l'abdomen.	8e g^{re}. *Cychrus.*

I
- Elytres non carénées latéralement. I.
- Labre lobé. II.
- Labre non lobé. III.

II
- Troisième article des antennes cylindrique et à peine plus long que les autres. . . . . — 9e g^{re}. *Carabus.*
- Troisième article des antennes comprimé, sensiblement plus long que les autres. . — 10e g^{re}. *Colosoma.*

III
- Antennes grêles et allongées. IV.
- Antennes courtes et épaisses. VI.

IV
- Les trois premiers articles des tarses antérieurs dilatés dans le mâle. V.
- Le premier article seulement des tarses antérieurs du mâle, dilaté. . . . . — 13e g^{re}. *Omophron.*

V
- Articles dilatés des tarses antérieurs du mâle, en forme de triangle ou cordiformes. — 12e g^{re}. *Nebria.*
- Articles dilatés des tarses antérieurs du mâle, presque en carré, plus ou moins allongé. — 11e g^{re}. *Leistus.*

VI
- Dernier article des palpes allongé et presque conique. . — 14e g^{re}. *Elaphrus.*
- Dernier article des palpes court et presque renflé. . . — 15e g^{re}. *Notiophilus.*

HUITIÈME GENRE. — *Cychrus.* Fabr. Latr. Dej. *Carabus.* Oliv.

Elytres soudées, carénées latéralement, embrassant les côtés de l'abdomen. Tarses semblables dans les

deux sexes. Dernier article des palpes fortement sécuriforme. Corselet cordiforme.

J'ai trouvé sous des pierres et sous l'écorce des arbres cariés les deux espèces suivantes.

1. *Cychrus rostratus*. Long. 6 1/2 , 7 1/2 lig. Larg. 2 3/4,
3 1/2 lig.

Fabr., t. 1, p. 165. Oliv., 35, n° 46. Latr., t. 8,
p. 288. Dej., t. 2 , p. 8. Id. Icon., t. 1, p. 260 , pl.
28 , fig. 4.

Noir. Tête allongée. Antennes obscures, leurs
quatre premiers articles noirs. Corselet presque
chagriné , ses angles postérieurs arrondis, un peu
élevés. Elytres plus larges que le corselet, avec une
carène latérale de la base à l'extrémité , et trois
lignes longitudinales de points élevés, allongés.

2. *Cychrus attenuatus*. Long. 6 , 7 lig. Larg. 2 1/2 , 3 lig.

Fabr., t. 1, p. 166. Oliv. 35. *Car. proboscidens* ,
n° 47. Dej., t. 8, p. 10. Id. Icon., t. 1 , p. 263,
pl. 28, fig. 6.

Noir. Antennes noirâtres, mêlées de fauve, leurs
quatre premiers articles noirs. Palpes d'un fauve
obscur. Tête d'un noir bronzé. Corselet bronzé ,
un peu cuivreux, pointillé. Elytres d'un cuivreux
obscur, bronzé, avec une carène latérale de la base
à l'extrémité, et trois rangs de points élevés ,
oblongs, bien distincts. Jambes d'un jaune testacé
ou d'un brun rougeâtre.

NEUVIÈME GENRE. — *Carabus*. Fabr. Oliv. Latr. Dej.
Procrustes. Dej.

Jambes antérieures sans échancrure au côté interne.
Dernier article des palpes plus ou moins sécuriforme.
Antennes filiformes ; leur troisième article cylindrique,
à peine plus long que les suivants. Corselet cordiforme.
Les quatre premiers articles des tarses antérieurs des
mâles, dilatés. Jamais d'ailes propres au vol.

Antennes pubescentes ; leurs trois ou quatre premiers
articles glabres. Deux enfoncements longitudinaux entre les antennes. Un sillon longitudinal dans le milieu
du corselet, et une impression sur chaque côté de sa
base.

Les insectes de ce genre se trouvent courant dans les champs et les bois, et aussi sous les pierres.

Labre trilobé. — Procrustes. *Dej.*

1. *Cerabus coriaceus.* Long. 15 , 17 lig. Larg. 6 , 7 lig.
Fabr., t. 1, p. 168. Oliv., 35, n° 9. Latr., t. 8, p. 208. Dej., t. 2, p. 27. Id. Icon, t. 1, p. 278, pl. 32, fig. 1.

D'un noir opaque en dessus, d'un noir brillant en dessous. Antennes obscures, leur quatre premiers articles noirs. Tête allongée, presque lisse ainsi que le corselet. Elytres en ovale allongé, chagrinées, légèrement marquées de trois lignes longitudinales de points enfoncés, peu apparents.

Labre bilobé. — Carabus. *Dej.*

2. *Carabus catenulatus.* Long. 8 1/2, 12 lig. Larg. 3 1/2, 5 1/4 lig.
Fab., t. 1, pag. 170. Oliv., 35. *Car. intricatus,* n° 11. Dej., t. 2, p. 68. Id. Icon, t. 1, p. 521. pl. 43, fig, 1.

D'un noir bleuâtre en dessus, d'un noir assez brillant en dessous. Antennes brunes, leurs quatre premiers articles noirs. Bords latéraux du corselet et des élytres violets. Corselet presque chagriné, ses angles postérieurs allongés. Elytres marquées de stries crénelées et de trois rangs de points élevés, oblongs, inégaux.

3. *Carabus monilis.* Longueur 11 , 13 lig. Larg. 3 1/2 , 5 1/2 lig.
Fabr.. t. 1, p. 171. Oliv., 35. *Car. catenulatus,* n° 34. Latr., t. 8, p. 309. Dej., t. 1, p. 73. Id. Icon., t. 1, p. 56, pl. 43, fig. 4.

D'un vert obscur ou bronzé en dessus; d'un noir luisant en dessous. Antennes brunes, les articles de la base noirâtres. Tête et corselet ponctués ; les angles postérieurs de celui-ci prolongés. Elytres marquées chacune de trois rangs de points élevés, oblongs, séparés par trois lignes longitudinales ; celles impaires quelquefois effacées.

Var. **A.** *Car. consitus.* Dej. 1er catalogue. Oliv., 35. *Car granulatus*, n° 32. Latr., t. 8, p. 318. Id. *Car. morbillosus.* Gen. Ins., t. 1, p. 218.

Entièrement verte en dessus, ou bronzée avec le bord des élytres vert ; les cuisses et le premier article des antennes ferrugineux.

4. *Carabus arvensis.* Long. 6, 9 lig. Larg. 3 3/4, 4 1/2 lig. Fabr., t. 1, p. 174. Oliv., *Car. pomeranus.* Var. Enc. méth., n° 38. Latr., t. 8, p. 315. Dej., t. 2, p. 75. Id. Icon., t. 1, p. 330, pl. 4, fig. 2.

D'un bronzé verdâtre ou cuivreux en dessus, d'un noir luisant en dessous. Antennes brunes : leurs quatre premiers articles noirs. Corselet un peu ridé, presque chagriné : ses bords latéraux et ceux des élytres, violets. Élytres marquées de stries crénelées et de trois rangs de points élevés, oblongs, inégaux. Les angles postérieurs du corselet sont allongés.

5. *Carabus vagans.* Long. 8 1/2, 10 lig. Larg. 3 1/4, 4 1/2 lig. Oliv., 35, n° 39. Latr., t. 8, p. 320. Dej., t. 2, p. 84. Id. Icon., t. 1, p. 337, pl. 45, fig. 4.

D'un vert bronzé obscur en dessus ; d'un noir luisant en dessous. Antennes brunes, leurs quatre premiers articles noirs. Corselet presque chagriné ; ses bords latéraux élevés, peu prolongés postérieurement. Élytres marquées de trois rangs de points élevés, oblongs, et de trois lignes longitudinales, élevées, dont quatre sont plus apparentes. Pates noires.

6. *Carabus cancellatus.* Long. 8, 12 lig. Larg. 3 1/4, 5 lig. Fabr. *Car. granulatus*, t. 1, p. 176. Latr., t. 8, p. 318. Dej., t. 2, p. 99. Id. Icon., t. 1, p. 351, pl. 49, fig. 2.

D'un brun verdâtre bronzé en dessus ; d'un noir luisant en dessous. Palpes noirs, ou d'un brun noirâtre. Antennes brunes ; leur premier article rouge. Élytres ayant chacune trois lignes longitudinales, élevées, trois rangs de points élevés, et un quatrième rang de points ronds, plus petits, près du bord extérieur. Cuisses noires ou rougeâtres.

Var. A. Plus petite, un peu déprimée. Les lignes longitudinales des élytres à peine élevées ; celle marginale de points ronds à peine apparente. Les quatre premiers articles des antennes noirs.

Var. B. Semblable à l'espèce. Les quatre premiers articles des antennes noirs.

7. *Carabus amœnus.* B. L. Long. 10 lig. Larg. 4 lig.
    Car. cancellatus. Var. ?

Ovale allongé. Palpes d'un noir brun. Antennes brunes, les quatre premiers articles noirs. Elytres et bords du corselet violets. Tête légèrement ponctuée, noire avec un reflet violet. Corselet moins large que long, rétréci postérieurement, ses bords latéraux déprimés ; les angles postérieurs peu prolongés. Elytres plus larges que le corselet, d'une couleur violette, plus prononcée sur les bords extérieurs ; marquées chacune de trois rangs de points élevés et oblongs, placés entre deux lignes noires et élevées. Dessous du corps et pates d'un noir verdâtre bronzé. Côtés du dessous du corselet d'un bleu verdâtre bronzé.

Je l'ai trouvé au Mont-Dore, dans les pacages au-dessus de la grande cascade.

8. *Carabus granulatus.* Long. 8, 10 lig. Larg. 3, 4 lig.
    Fabr. *Car. cancellatus*, t. 1, p. 176. Dej., t. 2, p. 105. Id. Icon., t. 1, p. 361, pl. 51, fig. 2.

Bronzé verdâtre en dessus, d'un noir luisant en dessous. Antennes noirâtres, les quatre premiers articles noirs. Corselet presque carré, ses bords latéraux un peu déprimés ; les angles postérieurs à peine prolongés. Elytres marquées chacune de trois lignes longitudinales élevées, et entre chacune d'elles d'un rang de points élevés, oblongs ; les intervalles entre elles légèrement chagrinés. Pates de la couleur du corps ; les cuisses quelquefois ferrugineuses.

9. *Carabus auratus.* Long. 9, 12 lig. Larg. 3 1/2, 5 lig.
    Fabr., t. 1, p. 175. Oliv., 35, n° 30. Latr., t. 8, p. 316. Dej., t. 2, p. 111. Id. Icon., t. 1, p. 307, pl. 53, fig. 1.

D'un vert plus ou moins doré en dessus, d'un brun noirâtre en dessous. Pates rouges, les tarses bruns. Bouche ferrugineuse, le dernier article des palpes presque noirâtre. Antennes brunes, leurs quatre premiers articles rouges. Corselet presque chagriné sur ses bords. Elytres convexes, ayant chacune trois lignes élevées noires, ainsi que la suture ; dessous du corps noir ou verdâtre.

10. *Carabus festivus*. Long. 9 1/2, 10 lig. Larg. 3 1/4, 4 lig.

Dej., t. 2, pag. 115. Id. Icon., t. 1, p. 372, pl. 54, fig. 1.

Noir en dessous, d'un cuivreux doré en-dessus, plus rouge sur la tête et le corselet. Labre, mandibules et palpes d'un noir brun. Antennes brunes, leur premier article rouge, les trois suivants d'un noir luisant. Tête ponctuée, ses bords antérieurs noirs. Corselet d'un cuivreux brillant, presque chagriné, ses bords noirs. Ecusson noirâtre. Suture des élytres, trois lignes élevées sur chacune, et la ligne des bords extérieurs noirâtre ; les intervalles entre ces lignes sont légèrement ponctués. Cuisses ferrugineuses; jambes et tarses noirs.

Un entomologiste très-distingué, M. Chevrolat, m'a dit l'avoir trouvé au Mont-Dore. Je ne l'y ai pas rencontré. Les individus de ma collection viennent des Pyrénées.

11. *Carabus auro nitens*. Long. 8, 10, 12 lig. Larg. 3, 3 3/4, 4 lig.

D'un vert doré en dessus; noir en dessous. Bouche d'un brun noir. Antennes brunes, le premier article rouge. Corselet pointillé sur tous ses bords. Ecusson noirâtre. Elytres ayant chacune trois côtés élevés et la suture noire. Cuisses rouges. Jambes et tarses noirs, quelquefois bruns.

Mont-Dore.

12. *Carabus purpurascens*. Long. 12, 14 lig. Larg. 3 1/2, 5 lig.

Fabr., t. 1, p. 170. Oliv., 35, n° 12. Latr., t. 8, p. 310. Dej., t. 2, p. 126. Id. Icon., t. 1, p. 382, pl. 56, fig. 3.

Noir en dessous, d'un noir un peu bleuâtre en
dessus. Antennes brunes, les quatre premiers
articles noirs. Corselet presque aussi long que
large, ses bords latéraux d'un vert doré, ou d'un
violet purpurin, ainsi que ceux des élytres. Celles-
ci sont allongées, couvertes de petites lignes élevées, minces, serrées, dont trois sont interrompues par des points enfoncés. Pates noires. Le
dessous du corselet est quelquefois bleuâtre.

13. *Carabus hortensis*. Long. 10, 12 lig. Larg. 4, 5 1/4 lig.
    Fabr., t. 1, p. 172. Oliv., 35, n° 72. Latr., t. 8,
    p. 512. Dej. t. 2, p. 156. Id. Icon., t. 2, p. 13,
    pl. 62, fig. 1.
    Verdâtre ou d'un bronzé obscur en dessus, noir
en dessous. Palpes noirs. Antennes noirâtres, les
quatre premiers articles noirs. Corselet beaucoup
plus large que la tête, pointillé sur tous ses bords,
ceux latéraux d'un cuivreux violet. Élytres convexes, plus larges que le corselet, couvertes de
petites lignes longitudinales, élevées, irrégulières,
interrompues, et marquées chacune de trois rangs
de points enfoncés. Les bords extérieurs sont d'un
cuivreux violet, ou d'un vert bleuâtre, rugueux.
Pates noires.

14. *Carabus convexus*. Long. 6 3/4, 8 lig. Larg. 3 1/2,
    5 3/4 lig.
    Fabr., t. 1, p. 175. Latr., t. 8, p. 511. Dej., t. 2,
    p. 158. Id. Icon., t. 2, p. 24, pl. 65, fig. 3.
    Convexe. D'un noir bleuâtre en dessus, d'un
noir luisant en dessous. Bords du corselet et des
élytres d'un bleu violet. Palpes noirs. Antennes
noirâtres ou brunes, les quatre premiers articles
noirs. Corselet presque chagriné, ses angles postérieurs allongés. Élytres ovales, convexes, couvertes de petites lignes longitudinales, élevées et
irrégulières, entre lesquelles il y a de petits points
enfoncés, et trois rangs d'autres points enfoncés,
plus gros.

15. *Carabus alpinus*. Long. 8 1/2, 9 lig. Larg. 3 1/4,
    5 1/2 lig.
    Dej., t. 2, p. 166. Id. Icon., t. 2, pag. 24,
    pl. 65, fig. 3.

D'un bronzé un peu cuivreux en dessus, d'un noir brillant en dessous. Palpes noirs, l'extrémité du dernier article ferrugineuse. Antennes noirâtres ; les quatre premiers articles noirs. Corselet presque carré, finement chagriné ; ses angles postérieurs allongés. Elytres couvertes de petites lignes longitudinales, élevées, minces, serrées ; chaque élytre a trois rangs de points enfoncés, chaque rang coupant trois des lignes élevées, et une petite ligne de points ronds élevés, près du bord extérieur.

Mont-Dore.

16. *Carabus cyaneus*. Long. 11, 14 lig. Larg. 4, 5 1/2 lig.
Fabr., t. 1, p. 171. Oliv., 35, n° 13. Latr., t. 8, p. 310. Dej., t. 2, p. 176. Id. Icon., t. 2, p. 33, pl. 67, fig. 3.

Ovale, allongé, un peu déprimé. Dessous du corps et pates d'un noir luisant ; bleu en dessus. Palpes noirs. Antennes noirâtres, les quatre premiers articles des antennes noirs. Corselet presque carré, aussi long que large ; ses bords et ceux des élytres rugueux et violets ; ses angles postérieurs allongés. Elytres en ovale allongé, couvertes de points enfoncés et de petites lignes longitudinales, élevées, entre-coupées, et de trois rangs de points élevés. Pates longues.

Je l'ai trouvé aux environs de Pontaumur.

DIXIÈME GENRE. *Calosoma*. Fabr. Latr. Dej.
Carabus. Oliv.

Forme plus courte et plus carrée que dans le genre précédent. Dernier article des palpes légèrement sécuriforme, ou en cône renversé. Antennes filiformes, leur troisième article plus ou moins comprimé, plus long que les suivants. Corselet court, arrondi. Les quatre premiers articles des tarses antérieurs dilatés dans les mâles. Ils ont le plus souvent des ailes sous les élytres.

1. *Calosoma sycophanta*. Long. 11 1/2, 13 lig. Largeur 5 1/2, 6 1/2 lig.
Fabr., t. 1, p. 212. Oliv., 35, n° 43. Latr., t. 8, p. 501. Dej. t. 2, p. 193. Id. Icon., t. 2, p. 48, pl. 70, fig. 2.

D'un bleu violet ou un peu verdâtre en dessous. Bouche noire. Antennes brunes, les quatre premiers articles noirs. Tête d'un noir violet, avec un reflet doré. Corselet d'un noir bleuâtre ou violet, pointillé, ses bords latéraux d'un vert doré, ou violet. Ecusson noirâtre. Elytres d'un doré, obliquement coupées vers l'extrémité, couvertes de stries serrées. Elles ont chacune trois rangs de petits points enfoncés. Pates noires. Jambes intermédiaires du mâle arquées.

Se trouve assez fréquemment dans les bois. La larve et l'insecte parfait détruisent une grande quantité de chenilles, dont ils font leur principale nourriture.

2. *Calosoma inquisitor.* Long. 7 1/4, 9 lig. Larg. 3 1/2, 4 1/2 lig.

Fabr., t. 1, p. 212. Oliv., 35, n° 40. Latr., t. 8, p. 299. Dej., t. 2, p. 194. Id. Icon., t. 2, p. 49, pl. 70, fig. 3.

D'un bronzé cuivreux ou verdâtre, en dessus; d'un vert métallique un peu cuivreux en dessous. Bouche noire. Antennes brunes, les quatre premiers articles noirs. Tête et corselet chagrinés; les bords dé celui-ci et ceux des élytres souvent d'un bronzé cuivreux. Ecusson noirâtre. Elytres striées, ayant chacune trois rangs de points enfoncés, dont le fond est élevé dans le milieu. Pates noires. Jambes intermédiaires du mâle arquées.

Dans les bois et le tronc des arbres cariés, en automne.

Var. D'un noir bleuâtre en dessus; les bords du corselet et des élytres, et les points enfoncés de celles-ci, violets. Abdomen d'un vert bleuâtre.

ONZIÈME GENRE. *Leistus.* Dej. *Pogonophorus.* Latr.
Carabus. Fabr. Oliv.

Palpes très-allongés, le dernier article s'élargissant vers l'extrémité. Antennes sétacées. Mandibules peu saillantes, leur base dilatée extérieurement. Tête rétrécie postérieurement. Corselet cordiforme. Les trois premiers articles des tarses antérieurs du mâle, dilatés.

(45)

Ces insectes se trouvent sous les pierres, sous les écorces et dans les lieux humides.

1. *Leistus spinibarbis.* Long. 3 1/2, 4 lig. Larg. 1 1/2, 1 3/4 lig.

Fabr., t. 1, p. 181. Oliv., 35, n° 84. Latr., t. 8, p. 271. Dejean, t. 2, p. 214; Id. Icon., t. 2, p. 59, pl. 72, fig. 1.

Bleu en dessus, d'un noir luisant ou brun en dessous. Bouche, antennes et pates d'un brun roussâtre, quelquefois rougeâtres. Elytres bleues ou d'un bleu verdâtre, marquées de stries ponctuées.

Les couleurs de cette espèce varient : tantôt le bleu est mélangé de bronzé, tantôt de verdâtre ; quelquefois les cuisses sont obscures ou noirâtres.

2. *Leistus fulvibarbis.* Long. 3, 3 1/2 lig. Larg. 1 1/4, 1 1/2 lig.

Fabr., t. 1, *Car. rufibarbis!* p. 201. Dej., t. 2, p. 215. Id. Icon., t. 2, p. 61, pl. 72, fig. 2.

Il ressemble au précédent, dont il ne me paraît être qu'une variété plus petite. Sa couleur est le brun noirâtre teinté de bleu. Bouche, pates et antennes d'un rouge presque ferrugineux. Elytres marquées de stries ponctuées.

3. *Leistus nitidus.* Long. 3 1/2 lig. Larg. 1 1/4 lig.

Dej., t. 2, p. 217. Id. Icon., t. 2, p. 63, pl. 72, fig. 4.

D'un brun noirâtre luisant, presque bronzé en dessus. Bouche, antennes et pates d'un rouge ferrugineux. Bords antérieurs et postérieurs du corselet ponctués. Elytres d'un brun noirâtre ou verdâtre, marquées de stries ponctuées ; les points de l'extrémité peu apparents. Dessous du corps d'un brun roussâtre ou noirâtre, avec l'extrémité de l'abdomen roussâtre.

Var.? *Leistus viridipennis.* B. L. D'un vert bronzé assez brillant, moins foncé sur les élytres. Bouche, antennes et pates d'un roux jaunâtre ou d'un jaune pâle.

Je l'ai trouvé au Mont-Dore, sous des pierres, le long du ruisseau de Dore.

4. *Leistus spinilabris.* Long. 3, 3 1/2 lig. Larg. 1 1/4
1 1/2 lig.

Fabr., t. 1, p. 204. Latr., *Pogonophorus rufes-
cens*, t. 8, p. 272. Dej., t. 2., p. 217. Id. Icon.,
t. 2, p. 64, pl. 73, fig. 1.

D'un brun roux, quelquefois moins foncé en
dessous. Bouche, antennes et pates d'une couleur
testacée plus ou moins pâle. Tête lisse, luisante.
Corselet ponctué sur ses bords antérieur et postérieur. Elytres marquées de stries pointillées. Un
sillon longitudinal dans le milieu du corselet.

Var. Entièrement d'un testacée clair, et proportionnellement plus large que l'espèce. Dessous
du corps pointillé.

**DOUZIÈMÈ GENRE. — *Nebria*, Latr. Dej. — *Carabus*,
Fabr. Oliv.**

Dernier article des palpes légèrement sécuriforme.
Antennes filiformes. Tête grande. Corselet cordiforme.
Les trois premiers articles des tarses antérieurs du mâle
plus ou moins dilatés, triangulaires ou cordiformes.
Mandibules peu saillantes, sans dents. Un sillon lon-
gitudinal dans le milieu du corselet.

Ces insectes se trouvent sous les écorces et sous les
pierres, dans les lieux humides.

1. *Nebria brevicollis.* Long. 4 1/2, 6 lig. Larg. 2, 2
3/4 lig.

Fabr., t. 1, p. 191. Latr., t. 8, p. 176. Déj., t. 2,
p. 233. Id. Icon., t. 2, p. 82, pl. 76, fig. 1.

Un peu déprimée. D'un noir brun, plus foncé
et luisant en dessus. Pates, antennes, base des
élytres, jambes et tarses d'un brun rougeâtre.
Corselet ponctué sur ses bords. Elytres marquées
de stries ponctuées et de trois ou quatre points
enfoncés sur le bord de la troisième strie, vers la
suture. Cuisses, moins leur base, de la couleur du
corps.

Var. A. *Nebria fuscata.* Bonelli, observations
entomologiques. D'un fauve pâle; n'est peut-être
qu'un individu nouvellement transformé.

Var. B. B. L. D'un brun noirâtre, plus pâle

en dessous. Bords latéraux du corselet et des élytres jaunâtres.

2. *Nebria gyllenhalii*. Long. 4 1/2, 4 3/4 lig. Larg. 1 3/4,
2 lig. ·

Dej., t. 2, p. 235. Id. Icon., t. 2, p. 84, pl. 76,
fig. 3.

Légèrement déprimée. Noire tant en dessus
qu'en dessous. Extrémité des articles des palpes
d'un brun clair. Antennes noirâtres, leur base
noire. Corselet ponctué sur ses bords. Élytres
marquées de stries légèrement ponctuées, et de
cinq points enfoncés sur le second intervalle vers
la suture. Pates noires, les tarses rougeâtres.

Assez commune au Mont-Dore, sous les pierres.

3. *Nebria rubripes*. B. L. Long. 5 1/4 lig. Larg. 2 lig.

Dej., t. 2, p. 241. Id. Icon., t. 2, p. 94, pl. 78,
fig. 3.

Légèrement déprimée, noire, tant en dessus
qu'en dessous. Palpes et antennes d'un brun rougeâtre ; la base de celles-ci d'un brun noirâtre. Tête
lisse. Corselet ponctué sur tous ses bords. Élytres
presque ovales, marquées de stries légèrement
crénelées et de quatre points enfoncés sur le troisième intervalle, vers la suture. Cuisses rouges.
Jambes et tarses noirâtres ou d'un brun rougeâtre.

Se trouve dans les mêmes lieux que la précédente.

Cette espèce présente quelques variétés plus ou
moins remarquables.

Var. A. Plus large, plus déprimée. Stries des
élytres plus fortement ponctuées ; les quatre points
enfoncés moins marqués. Les cuisses et les jambes
plus brunes que les tarses.

Var. B. Pates entièrement d'un brun noirâtre.

4. *Nebria Olivieri*. Long. 4 1/2, 5 1/4 lig. Larg. 1 3/4,
2 1/4 lig.

Dej, t. 2, p. 242, n° 19. Id. Icon., t 2, p. 95,
pl. 78, fig. 4.

Un peu déprimée. D'un noir luisant. Palpes
noirâtres, l'extrémité du dernier article ferrugineux. Antennes brunes, les quatre premiers arti-

cles noirs, avec leur extrémité férugineuse. Tête lisse, luisante, marquée de deux points rouges peu apparents. Corselet ponctué sur tous ses bords. Élytres marquées de stries ponctuées et de quatre points enfoncés sur le troisième intervalle vers la suture. Dessous du corps et cuisses d'un noir luisant. Jambes d'un noir brun. Tarses rougeâtres.

Rare. Se trouve au Mont Dore.

TREIZIÈME GENRE. — *Omophron*. Latr. Dej. *Carabus.* Fabr. Oliv.

Dernier article des palpes labiaux oblong, tronqué à l'extrémité. Corps court, presque orbiculaire, plus large postérieurement. Jambes antérieures sans échancrure apparente au côté interne.

Premier article des tarses antérieurs du mâle légèrement dilaté en carré allongé.

1. *Omophron limbatum.* Long. 2 1/4, 3 lig. Larg. 1 1/2, 2 lig.

Fabr., t. 1, p. 245. Oliv., 35, n° 132. Latr., t. 8, p. 284. Dej., t. 2, p. 258. Id. Icon., t. 2, p. 113, pl. 83, fig. 2.

D'un jaune ferruginenx. Pales, antennes et palpes d'un jaune pâle. Tête fauve, avec une tache postérieure verte et ponctuée. Corselet ponctué, marqué sur sa base d'une grande tache verte et irrégulière. Élytres marquées de stries ponctuées, avec la suture, deux bandes transversales ondées, et deux taches vertes vers le milieu de la base ; la bande inférieure plus étroite, les deux du milieu sont assez souvent réunies, formant alors une troisième bande.

Se trouve sur les bords sablonneux des ruisseaux et des rivières.

QUATORZIÈME GENRE. — *Elaphrus.* Fabr. Oliv. Latr. Dej.

Dernier article des palpes allongé, presque ovalaire. tronqué à l'extrémité. Antennes grossissant un peu vers l'extrémité. Les yeux très-saillants. Corselet convexe, plus étroit postérieurement. Les quatre premiers articles des tarses antérieurs du mâle, dilatés. Un sillon longitudinal dans le milieu du corselet; une impression sur chaque côté de sa base.

On trouve ces insectes sur les bords sablonneux des eaux.

1. *Elaphrus uliginosus.* Long. 3 1/4, 4 lig. Larg. 1 1/2, 1 3/4 lig.

Fabr., t. 1, p. 245. Latr., t. 8, p. 216. Dej., t. 2, p. 269. Id. Icon,. t. 2, p. 126, pl. 85, fig. 2.

D'un bronzé obscur en dessus. Labre, mandibules et palpes noirs. Antennes noirâtres, leur base d'un bleu verdâtre. Tête cuivreuse, pointillée ainsi que le corselet. Élytres finement ponctuées, marquées de quatre rangs de taches rondes, enfoncées, d'un bleu violet, séparées par une côte peu saillante, d'un vert bronzé cuivreux. Jambes et tarses d'un noir bleuâtre.

2. *Elaphrus cupreus.* Long. 3 1/4, 4 lig. Larg. 1 1/2, 1 3/4 lig.

Oliv. *Elaph. riparius?* n° 1. Dej. t. 2, p. 274. Id. Icon. t. 2, p. 127, pl. 87, fig. 2.

Il ressemble au précédent, dont il ne diffère que par la couleur des pates. La base des cuisses et les jambes sont d'un jaune testacé; l'extrémité de celles-ci et les tarses sont d'un vert bleuâtre.

3. *Elaphrus riparius.* Long. 2 3/4, 3 1/4 lig. Larg. 1 1/4, 1 1/2 lig.

Labr., t. 1, p. 245. Oliv., 34. *Elaph. paludosus,* n° 2. Latr. t., 8, p. 217. Dej., t. 2, p. 274. Id. Icon., t. 2, p. 132, pl. 86, fig. 3.

Dessous du corps d'un bronzé verdâtre. Antennes noirâtres, les articles de la base d'un vert assez brillant. Tête et corselet fortement ponctués. Élytres couvertes de petits points enfoncés et serrés. Elles ont les quatre rangs de taches arrondies comme dans les précédentes: les rangs extérieurs touchent les bords; ces taches sont séparées par des élévations longitudinales, celles qui sont près de la suture sont plus brillantes et plus fortes. Dessous du corps d'un vert bronzé, brillant. Pates de cette couleur; la base des cuisses et le milieu des jambes testacés.

(48)

Quinzième genre. — *Notiophilus*. Dej. *Elaphrus*. Fabr. Oliv. Latr.

Dernier article des palpes presque ovalaire, tronqué à l'extrémité. Antennes un peu plus grosses vers l'extrémité. Les yeux très-grands. Corselet presque carré. Tarses semblables dans les deux sexes. Jambes sans échancrure bien distincte au côté interne. Un sillon longitudinal dans le milieu du corselet.

On trouve ces insectes sur les bords des eaux, et dans les lieux sablonneux et humides.

1. *Notiophilus aquaticus.* Long. 2, 2 1/2 lig. Larg. 3/4, 1 lig.

Fabr., t. 1, p. 246. Oliv., 34, n° 5. Latr., t. 8, p. 218. Dej., t. 2, p. 277. Id. Icon., t. 2, p. 136, pl. 87, fig. 1.

D'un bronzé un peu cuivreux en dessus. D'un noir un peu bronzé en dessous. Antennes noires, leur base un peu plus claire. Tête profondément striée entre les yeux. Corselet assez fortement pointillé sur tous ses bords. Élytres marquées de stries de points enfoncés ; un espace assez large, lisse, près et le long de la suture, et un autre semblable, mais plus étroit, près du bord extérieur. Pates de la couleur du corps.

2. *Notiophilus biguttatus.* Long. 2, 1/2 lig. Larg. 3/4, 1 lig.

Fabr., t. 1, p. 247. Id. *Elaphr. semipunctatus.*, p. 246. Oliv. 34, n° 6. Latr., *Elaph. littoralis*, t. 8, p. 218. Dej., t. 2, p. 279. Id. Icon., t. 2, p. 137, pl. 87, fig. 2.

D'un bronzé brillant en dessus. Palpes et antennes noirâtres ; la base de celles-ci rougeâtre. Tête profondément striée entre les yeux. Corselet presque entièrement pointillé. Élytres marquées de stries de points enfoncés, avec les deux espaces lisses, comme dans l'espèce précédente, et un point enfoncé, bien marqué, au dessus de l'extrémité ; celle-ci est d'une couleur testacée jaunâtre, quelquefois peu distincte. Dessous du corps et pates d'un noir bronzé.

CINQUIÈME TRIBU. — *Patellimanes*. Dej.
Féroniens, harpaliens. Dej.

Mâchoires terminées en pointe ou en crochet, sans articulation. Jambes antérieures fortement échancrées au côté interne. Elytres entières ou seulement sinuées vers l'extrémité. Les deux, trois ou quatre premiers articles des tarses antérieurs des mâles, dilatés. Palpes non subulés.

Ils forment trois sections. Ils ont :

Les deux ou trois premiers articles des tarses des pates antérieures dilatés dans les mâles.

Les quatre premiers articles des tarses des pates antérieures dilatés dans les mâles. . . . . 3ᵉ sᵒⁿ. *Harpaliens.*

Les articles dilatés des tarses sont en carré ou arrondis. . 1ʳᵉ sᵒⁿ. *Patellimanes.*

Les articles dilatés des tarses sont en cœur ou échancrés. 2ᵉ sᵒⁿ. *Féroniens.*

1ʳᵉ SECTION. — *Patellimanes*. Dej.

Les deux premiers articles des tarses antérieurs du mâle, dilatés. I.

Les trois premiers articles des tarses antérieurs du mâle, dilatés. II.

I Mandibules pointues, sans dents à l'extrémité. . . . . 16ᵉ gʳᵉ. *Panagæus.*

Mandibules obtuses ; une dent assez forte, près de l'extrémité. . . . . 21ᵉ gʳᵉ. *Licinus.*

II Antennes hérissées de poils. 17ᵉ gʳᵉ. *Loricera.*

Antennes non hérissées de poils. III.

III Dernier article des palpes allongé, tronqué à son extrémité. V.

Dernier article des palpes allongé, presque terminé en pointe. IV.

IV Mandibules étroites et très-aiguës. . . . . 18ᵉ gʳᵉ. *Callistus.*

Mandibules très-obtuses, échancrées à l'extrémité. . . 22ᵉ gʳᵉ. *Badister.*

Corselet cordiforme. . . . . 19ᵉ gʳᵉ. *Chlœnius.*
Corselet en trapèze. . . . . . 20ᵉ gʳᵉ. *Oodes.*

SEIZIÈME GENRE. — *Panagœus.* Latr. Dej. *Carabus.*
Fabr. Oliv.

Dernier article des palpes fortement sécuriforme.
Mandibules courtes, non dentées antérieurement, pointues à l'extrémité. Antennes filiformes. Tête petite.
Corselet arrondi. Les deux premiers articles, seulement, des tarses antérieurs dilatés, dans les mâles.

Ces insectes se trouvent sous les pierres et les écorces des arbres.

1. *Panagœus crux major.* Long. 3 1/2, 4 lig. Larg. 1 1/2,
1 3/4 lig.

Fabr., t. 1, p. 202. Oliv., 35, n° 132. Latr., t. 8,
p. 292. Dej., t. 2, p. 286. Id. Icon., t. 2, p. 148,
pl. 88, fig. 2.

Noir. Tête pubescente. Corselet beaucoup plus
large que la tête, couvert d'un duvet roussâtre
et marqué de points enfoncés, assez gros. Élytres
d'un rouge ferrugineux, chagrinées, marquées de
stries ponctuées : une tache scutellaire, une bande
transversale dans le milieu, la suture et l'extrémité des élytres, noires ainsi que les pates.

2. *Panagœus quadrimaculatus.* Long. 3 1/2 lig. Larg. 1
1/2 lig.

Dej., t. 2, p. 288. Id. Icon., t. 2, p. 150, pl. 88,
fig. 3.

Un peu plus petit que le précédent, dont il
ne me paraît être qu'une légère variété. Sa forme,
la disposition des couleurs et celles-ci sont les
mêmes ; seulement, le bord extérieur est noir, depuis la bande transversale jusqu'à la bande termi-
nale.

DIX-SEPTIÈME GENRE. — *Loricera.* Latr. Dej. *Carabus.*
Fabr. Oliv.

Dernier article des palpes allongé, presque ovalaire,
tronqué à l'extrémité. Mandibules arquées, très-courtes.
Antennes filiformes, hérissées de poils assez longs. Tête
petite, rétrécie postérieurement. Corselet arrondi. Ély-

tres légèrement sinuées vers l'extrémité. Jambes fortement échancrées au côté interne. Les quatre premiers
articles des tarses antérieurs du mâle, dilatés.

1. *Loricera pilicornis.* Long. 3 1/2 lig. Larg. 1 1/2 lig.

Fabr., t. 2, p. 193. Oliv., 35, n° 85. Latr., t. 8,
p. 374. Dej., t. 2, p. 293. Id. Icon., t. 2, p. 255,
pl. 89, fig. 2.

D'un vert bronzé. Palpes et antennes brunâtres.
Le premier article de celles-ci bronzé, ses extré-
mités roussâtres; les autres, à partir du second,
portent, pour la plupart, des poils raides, assez
longs. Corselet presque aussi long que large, lisse,
arrondi. Elytres marquées de stries finement ponctuées et de trois points enfoncés, assez gros, entre
les troisième et quatrième stries vers la suture
Cuisses d'un vert bronzé. Jambes et tarses ferrugineux.

Se trouve sur le bord des eaux.

DIX-HUITIÈME GENRE. — *Callistus.* Dej. *Harpalus.*
Latr. *Carabus.* Fabr. Oliv.

Dernier article des palpes allongé, un peu ovalaire,
terminé presque en pointe. Mandibules étroites, très-
aiguës. Antennes filiformes, légèrement comprimées.
Tête presque triangulaire. Corselet arrondi, presque
en cœur. Elytres légèrement sinuées vers l'extrémité.
Jambes antérieures fortement échancrées au côté interne. Les trois premiers articles des tarses antérieurs
des mâles, fortement dilatés. Une impression longitudinale dans le milieu du corselet; une impression sur
chaque côté de sa base.

1. *Callistus lunatus.* Long. 3 lig. Larg. 1 1/4 lig.

Fabr., t. 1, p. 205. Oliv., 35, n° 145. Latr., t. 8,
p. 350. Dej., t. 2, p. 296. Id. Icon., t. 2, p. 158,
pl. 89, fig. 3.

D'un bleu noirâtre ou verdâtre. Palpes ferrugineux. Antennes noirâtres; leurs deux premiers
articles ferrugineux. Tête ponctuée. Corselet d'un
rouge ferrugineux, finement pointillé. Ecusson
d'un jaune pâle. Elytres jaunâtres, pubescentes,

légèrement striées, marquées chacune de trois
taches noires, l'une à l'angle extérieur de la base,
la seconde dans le milieu, plus grande, presque
en forme de bande transversale, la dernière sur
l'extrémité, plus petite et arrondie. Cuisses et
jambes jaunâtres à la base, noirâtres à l'extré
mité.

Se trouve dans les lieux humides, dans les bois,
sous les pierres.

DIX-NEUVIÈME GENRE. — *Chlœnius.* Dej. *Harpalus.*
Latr. *Carabus.* Fabr. Oliv.

Dernier article des palpes presque ovalaire, tronqué à l'extrémité. Mandibules assez aiguës. Antennes
filiformes. Tête presque triangulaire. Corselet cordiforme. Elytres entières ou légèrement sinuées vers
l'extrémité. Les trois premiers articles des tarses antérieurs du mâle, dilatés. Un sillon longitudinal dans le
milieu du corselet; une impression sur chaque côté de
sa base.

Ces insectes se trouvent dans les lieux humides,
sous les pierres.

1. *Chlœnius velutinus.* Longueur, 6 3/4, 7 1/4 lignes.
Largeur 3, 3 3/4 lig.
Oliv. 35, n° 118. Latr. t. 8, p. 343. Dej., t. 2,
p. 308. Id. Icon., t. 2, p. 164, pl. 90, fig. 1.

D'un brun noirâtre en dessous. Labre, antennes et palpes d'un jaune ferrugineux. Tête et corselet d'un vert bleuâtre brillant, légèrement ponctués. Elytres vertes, légèrement chagrinées et
striées, couvertes d'un duvet jaunâtre et soyeux;
leurs bords extérieurs et les pates d'un jaune plus
ou moins ferrugineux, quelquefois pâle.

Commun, en juin et juillet, sur les bords de
l'Allier.

2. *Chlœnius agrorum.* Longueur 5, 5 1/2 lig. Largeur
2 1/4, 2 1/2 lig.
Oliv. 35, n° 117. Latr., t. 8, p. 344. Dej., t. 2,
p. 313. Id. Icon., t. 2, p. 169, pl. 91, fig. 1.

D'un beau vert en dessus. Labre et base des
antennes d'un jaune ferrugineux. Antennes brunes

ou noirâtres. Corselet très-légèrement chagriné
et soyeux. Élytres soyeuses, très-légèrement chagrinées, marquées de stries peu enfoncées; le bord
extérieur d'un jaune foncé qui s'élargit vers l'extrémité. Abdomen d'un brun noirâtre avec une
bordure jaune, plus étroite à l'extrémité. Pates
d'un jaune ferrugineux.

3. *Chlœnius vestitus.* Longueur 4, 5 lignes. Largeur
1 3/4, 2 1/4 lignes.

Fabr., t. 1, p. 240. Oliv. 35, n° 116. Latr., t. 8,
p. 342. Dej., t. 2, p. 320. Id. Icon., t. 2, p. 172,
pl. 91, fig. 4.

D'un brun noirâtre en dessous, d'un vert bronze
en dessus. Labre, palpes et antennes d'un jaune
ferrugineux, celles-ci plus pâles. Tête lisse, luisante. Corselet moins long que large, pubescent
et ponctué; la ligne des bords latéraux légèrement jaunâtre. Élytres légèrement chagrinées,
striées, couvertes d'un duvet jaunâtre; les bords
latéraux jaunâtres, cette couleur s'élargissant vers
l'extrémité. Pates jaunâtres.

4. *Chlœnius schrankii.* Longueur 5 1/2, 6 lig. Largeur
2, 2 1/2 lignes.

Dej., t. 2, p. 349. Id. Icon., t. 2, p. 174, pl.
92, fig. 2.

Vert et soyeux en dessus. Pates, palpes, labre
et base des antennes d'un rouge ferrugineux, le
reste de celles-ci d'un brun noirâtre. Tête lisse.
Corselet ridé, fortement pointillé. Élytres très-
légèrement chagrinées et striées. Poitrine et dessus
du corselet verdâtre. Abdomen d'un noir obscur.
Pates d'un rouge ferrugineux; les tarses noirâtres.

5. *Chlœnius melanacornis.* Longueur 4 1/2, 5 lig. Largeur 2, 2 1/2 lig.

Dej., t. 2, p. 350. Id. Icon., t. 2, p. 175, pl.
92, fig. 1.

Vert et soyeux en dessus. Labre, palpes et antennes d'un brun noir, le premier article de
celles-ci d'un rouge ferrugineux. Tête lisse, bril-
lante, avec une teinte cuivreuse. Corselet ponctué

et d'un vert cuivreux. Elytres finement chagrinées, marquées de stries légèrement ponctuées. Poitrine et dessous du corselet d'un bleu noirâtre ou verdâtre. Abdomen d'un noir obscur. Pates d'un rouge ferrugineux; les tarses noirâtres.

6. *Chlœnius tibialis.* Longueur 4 1/2, 5 lig. Largeur 2, 2 1/4 lig.

Dej., t. 2, p. 352. Id. Icon., t. 2, p. 178, pl^e 93, fig. 1.

Vert et soyeux en dessus. Labre brun. Palpes et les deux ou trois premiers articles des antennes d'un rouge ferrugineux; les autres obscurs ou noirâtres. Tête lisse, verte ou d'un vert bleuâtre. Corselet d'un vert cuivreux, fortement ponctué Elytres finement chagrinées, marquées de stries légèrement ponctuées. Abdomen et poitrine noirâtres. Dessous du corselet noir ou d'un noir bleuâtre. Cuisses noires ou d'un brun noirâtre. Jambes d'un jaune pâle. Tarses d'un brun clair.

VINGTIÈME GENRE. — *Oodes.* Dej. *Carabus.* Fabr. *Harpalus.* Latr.

Dernier article des palpes allongé, presque ovalaire, tronqué à son extrémité. Mandibules peu avancées. Antennes filiformes. Corselet trapézoïdal. Elytres légèrement sinuées à leur extrémité. Jambes antérieures fortement échancrées au côté interne. Les trois premiers articles des tarses antérieurs du mâle assez fortement dilatés; le premier en forme de trapèze.

1. *Oodes helopioïdes.* Longueur 3 1/2, 4 lig. Largeur 1 1/2, 1 3/4 lig.

Fabr., t. 1, p. 196. Latr., t. 8, p. 365. Dej., t. 2, p. 378. Id. Icon., t. 2, p. 201, pl. 97, fig. 2.

Noir. Antennes obscures, pubescentes; leurs trois premiers articles noirs et glabres. Tête et corselet lisses; ce dernier ayant, dans le milieu, un sillon longitudinal et une impression sur chaque côté de la base, peu marqués. Ecusson grand et lisse. Elytres de la largeur du corselet, marquées de stries légèrement ponctuées, et de deux

points enfoncés entre les seconde et troisième,
vers la suture. Dessous du corps et pates noirs.

Se trouve dans les lieux frais ou humides, sous
les pierres.

VINGT-UNIÈME GENRE. — *Licinus.* Latr. Dej. *Carabus.*
Fabr. Oliv.

Dernier article des palpes fortement sécuriforme·
Mandibules courtes, arrondies, très-obtuses, échancrées à leur extrémité et dentées intérieurement. Labre
court, échancré. Tête échancrée en devant. Corselet
arrondi ou cordiforme. Les deux premiers articles,
seulement, des tarses antérieurs du mâle, dilatés.
Jambes antérieures fortement échancrées au côté
interne. Un sillon longitudinal dans le milieu du corselet ; une impression sur chaque côté de sa base.

1. *Licinus silphoïdes.* Longueur 5 1/2, 6 lig. Largeur
   2 1/2, 2 3/4 lignes.
   Fabr., t. 1, p. 190. Latr., t. 8, p. 323. Dej.,
   t. 2, p. 394. Id. Icon., t. 2, p. 210, pl. 98, fig. 2.
   Noir. Antennes brunes, leur base noire· Tête,
   écusson et corselet ponctués et ridés ; ce dernier
   lisse dans le milieu. Elytres pointillées, marquées
   de stries ponctuées et de trois lignes élevées·
   Se trouve dans les champs et sous lés pierres.

2. *Licinus cassideus.* Longueur 6, 6 1/2 lig. Largeur
   2 1/2, 2 3/4 lig.
   Fabr., t. 1, p. 190. Oliv., 35, *Car. emarginatus,*
   n° 137. Latr., t. 8, p. 324. Dej., t. 2, p. 406. Id.
   Icon., t. 2, p. 215, pl. 99, fig. 3.
   D'un noir mat, et ponctué en dessus. D'un
   noir luisant en dessous. Corselet chagriné. Ecusson lisse. Elytres légèrement marquées de stries
   ponctuées, les bords latéraux relevés. Côtés de la
   poitrine, du dessous du corselet et des premiers
   anneaux de l'abdomen fortement ponctués.
   Se trouve dans les lieux un peu élevés, sous
   les pierres.

VINGT-DEUXIÈME GENRE. — *Badister.* Dej. *Licinus.* Latr.
Carabus Fabr. Oliv.

Dernier article des palpes en ovale allongé, terminé en pointe. Mandibules courtes, très-obtuses, ssns dents antérieures. Antennes filiformes. Tête arrondie, échancrée en devant. Labre échancré ; les trois premiers articles des tarses antérieurs du mâle, fortement dilatés ; le premier presque en forme de trapèze. Un sillon longitudinal dans le milieu du corselet, une impression de chaque côté de sa base.

Ces insectes se trouvent dans les lieux humides, sous les pierres.

1. *Badister bipustulatus.* Longueur 2 1/2, 3 lig. Larg. 1, 1 3/4 lig.

Fabr., t. 1, p. 3o3. Oliv. 35. *Cor. cruxminor.* Latr., t. 8, p. 524. Dej., t. 2, p. 4o6. Id. Icon., t. 2, p. 223, pl. 101, fig. 1.

Noir. Palpes d'un janne pâle, le dernier article plus obscur. Antennes roussâtre, le premier article jaune, les trois suivants noirâtres. Corselet d'un rouge ferrugineux ou jaunâtre et lisse. Élytres de la couleur du corselet, striées, marquées d'une grande tache postérieure en forme de fer à cheval, commune aux deux élytres. Dessous du corps et pates d'un pâle plus ou moins foncé.

2. *Badister humeralis.* Longueur 2 lig. Largeur 5/4 lig.

Dej., t. 2, p. 410. Id. Icon., t. 2, p. 227, pl. 101, fig. 4.

D'un noir obscur en dessus ; d'un brun noirâtre en dessous. Palpes jaunâtres, leur extrémité presque brune. Antennes jaunâtres, leurs quatre premiers articles mélangés d'obscur. Tête et corselet lisses ; ce dernier a une petite bordure latérale pâle. Elytres légèrement marquées de stries lisses et de deux petits points enfoncés sur la seconde, vers la suture ; elles ont une tache humérale et une petite bordure latérale d'un jaune pâle. Pates jaunâtres.

3. *Badister peltatus.* Longueur 2, 3 1/4 lignes. Largeur 3/4, 1 lig.

Dej., t. 2, p. 4o8, n° 4. Id. Icon., t. 2, p. 226, pl. 101, fig. 3.

D'un noir un peu bronzé en dessus ; d'un brun
noirâtre en dessous. Extrémité des palpes et une
bordure latérale étroite sur le corselet et les élytres, d'un brun jaunâtre plus ou moins pâle. Tête
et corselet lisses. Les élytres ont un reflet bleuâtre, des stries lisses et deux points enfoncés près
de la seconde strie, vers la suture. Pates d'un
brun jaunâtre.

2e Section. — *Féroniens.* Dej.

Les deux ou trois premiers articles des tarses
antérieurs des mâles, dilatés, en forme de cœur ou
échancrés.

Les deux premiers articles
seulement des tarses an-
térieurs des mâles, dilatés.   23e g^{re} *Patrobus.*
Les trois premiers articles
des tarses antérieurs des
mâles, dilatés. I.

I   Crochets des tarses dentelés
en dessous. II.
Crochets des tarses non dentelés en dessous. IV.

Dernier article des palpes
labiaux sécuriforme. . . .   26e g^{re} *Taphria.*
II   Dernier article des palpes
labiaux non sécuriforme.
III.

Corselet trapézoïde ou presque carré, peu ou point
rétréci postérieurement..   25e g^{re} *Calathus.*
III   Corselet rétréci postérieu-
rement, plus ou moins
cordiforme. . . . .   24e g^{re} *Pristonychus.*

Troisième article des antennes aussi long que les deux
suivants réunis. . . . . . .   27e g^{re} *Sphodrus.*
IV   Troisième article des anten-
nes moins long que les
deux suivants réunis. V.

$$V \begin{cases} \text{Les trois premiers articles} \\ \text{des tarses antérieurs du} \\ \text{mâle assez allongés, légè-} \\ \text{rement triangulaires , ou} \\ \text{presque carrés. . . . . . .} \quad 28^e\ g^{re}\ \textit{Anchomenus.} \\ \text{Les trois premiers articles} \\ \text{des tarses antérieurs du} \\ \text{mâle peu allongés, forte-} \\ \text{ment triangulaires, ou cor-} \\ \text{diformes. VI.} \end{cases}$$

$$VI \begin{cases} \text{Dernier article des palpes} \\ \text{légèrement ovalaire. . . .} \quad 33^e\ g^{re}\ \textit{Amara.} \\ \text{Dernier article des palpes} \\ \text{cylindrique ou légèrement} \\ \text{sécuriforme. VII.} \end{cases}$$

$$VII \begin{cases} \text{Corps plus ou moins allongé,} \\ \text{ou aplati; corselet plus ou} \\ \text{moins cordiforme. VIII.} \\ \text{Corps court, épais, convexe.} \\ \text{Corselet transversal. . . .} \quad 32^e\ g^{re}\ \textit{Zabrus.} \end{cases}$$

$$VIII \begin{cases} \text{Dernier article des palpes} \\ \text{presque cylindrique , ou} \\ \text{légèrement sécuriforme. .} \quad 29^e\ g^{re}\ \textit{Feronia.} \\ \text{Articles des palpes maxillai-} \\ \text{res cylindriques; le der-} \\ \text{nier article des labiaux al-} \\ \text{longé, légèrement sécuri-} \\ \text{forme. IX.} \end{cases}$$

$$IX \begin{cases} \text{Labre en carré, moins long} \\ \text{que large, entier ou à} \\ \text{peine échancré antérieure-} \\ \text{ment. . . . .} \quad 30^e\ g^{re}\ \textit{Cephalotus.} \\ \text{Labre court, échancré en} \\ \text{devant, en arc de cercle. .} \quad 31^e\ g^{re}\ \textit{Stomis.} \end{cases}$$

VINGT-TROISIÈME GENRE. — *Patrobus.* Dej.
Carabus. Fabr.

Dernier article des palpes allongé, cylindrique, tronqué à l'extrémité. Labre court, coupé carrément. Antennes filiformes. Tête triangulaire. Corselet presque

plane, plus étroit postérieurement. Les deux premiers
articles des tarses antérieurs du mâle, assez fortement
dilatés. Crochets des tarses n'étant pas dentelés en
dessous.

1. *Patrobus rufipes.* Longueur 3 1/2, 4 lig. Larg. 1 1/4,
1 3/4 lig.

Dej. t. 3, p. 28. Id. Icon., t. 2, p. 265, pl. 106,
fig. 2. Fabr., t. 1, p. 184.

Aptère. D'un brun roussâtre, moins foncé sur
la tête et le corselet. Pates et abdomen d'un brun
ferrugineux. Antennes et labre d'une couleur plus
foncée. Corselet pointillé sur sa base et le bord
antérieur. Élytres marquées de stries ponctuées :
les sixième et septième près du bord extérieur
presque effacées. Côtés de la poitrine et du dessous du corselet fortement ponctués. Abdomen
lisse.

Je l'ai trouvé sous des pierres, près de Saint-
Amant-Roche-Savine.

VINGT-QUATRIÈME GENRE. — *Pristonychus.* Dej.
Carabus. Fabr., Oliv. *Harpalus.* Latr.

Dernier article des palpes allongé, presque cylindrique, tronqué à l'extrémité. Mandibules assez aiguës.
Labre légèrement échancré. Antennes filiformes ; le
troisième article des antennes moins long que les
deux suivants réunis. Corselet plus étroit postérieurement. Les trois premiers articles des tarses antérieurs
dilatés dans les mâles. Crochets des tarses dentelés en
dessous.

1. *Pristonychus terricola.* Long. 5 1/2, 8 lig. Larg. 2 1/4,
3 1/4 lig.

Oliv. 35, n° 68. Dej., t. 3, p. 45. Id. Icon., t. 2,
p. 275, pl. 107, fig. 1.

Aptère. D'un noir brun en dessous. Palpes et
labres d'un brun roussâtre. Antennes d'un brun
ferrugineux ou obscur. Tête et corselet noirs et
lisses. Élytres noires ou d'un noir bleuâtre ou
violet, marquées de stries ponctuées ou presque
lisses, et d'un rang de points enfoncés sur l'avant

dernière, près du bord extérieur. Pates brunes ou rougeâtres.

Se trouve sous les pierres.

VINGT-CINQUIÈME GENRE. — *Calathus*. Dej. *Carabus*. Fabr., Oliv. *Harpalus*. Latr.

Dernier article des palpes allongé, presque cylindrique, tronqué à l'extrémité. Mandibules peu avancées. Labre très-légèrement échancré. Antennes filiformes. Le troisième article à peine plus long que le suivant. Tête ovale. Corselet trapézoïde ou presque carré. Elytres sinuées vers l'extrémité. Jambes échancrées au côté interne. Les trois premiers articles des tarses antérieurs des mâles, fortement dilatés. Crochets des tarses dentelés en dessous. Un sillon longitudinal dans le milieu du corselet ; une impression sur chaque côté de sa base.

Ils se trouvent, en général, sous les pierres.

1. *Calathus cisteloïdes*. Longueur 5, 6 lig. Largeur 2, 2 1/3 lig.

Oliv., 35. *Car. fluvipes*, n° 100. Latr., *Harpalus latus!* t. 8, p. 362. Dej., t. 3, p. 65. Id. Icon., t. 2, p. 299, pl. 110, fig. 4.

D'un noir brun. Bord du labre et palpes d'un jaune ferrugineux. Antennes d'un brun roussâtre, le premier article jaunâtre. Corselet un peu ponctué sur sa base. Elytres marquées de stries lisses ou à peine ponctuées et d'un rang de points enfoncés sur les troisième et cinquième stries, à partir de la suture, et sur l'extrémité de la seconde. Pates brunes ou d'un jaune ferrugineux.

Var. A. *Carabus frigidus!* Fabr., t. 1, p. 189. Dej., t. 3, p. 66. Id. Icon. t. 2, p. 300.

Noir. Extrémité des palpes et bord antérieur du labre roussâtres. Antennes noires, leur premier article ferrugineux. Tête et corselet lisses. Base du corselet et les impressions postérieures faiblement ponctuées. Elytres marquées de stries lisses et d'un rang de points enfoncés sur la troisième strie, vers la suture. Pates noires ou brunes.

Var. B. *Calathus rufipes.* B. L. Longueur 4 1/2 5 lig. Larg., 1 3/4, 2 lig.

Noir. Palpes et antennes d'un brun ferrugineux, le premier article de celles-ci plus clair, presque jaunâtre. Tête lisse, luisante. Corselet un peu rétréci en devant, lisse : les impressions de sa base légèrement ponctuées. Elytres marquées de stries lisses et d'un rang de points enfoncés sur les troisième et cinquième stries, à partir de la suture et sur l'extrémité de la seconde. Dessous du corps d'un noir plus ou moins luisant. Cuisses et jambes d'un rouge ferrugineux, les tarses plus obscurs ou bruns.

2. *Calathus fulvipes.* Longueur, 3 1/2, 5 lig. Larg. 1 1/2, 2 lig.

Dej., t. 3, p. 70, n° 6. Id. Icon., t. 2, p. 307 pl. 111, fig. 3.

D'un noir brun. Palpes, antennes et pates d'un jaune ferrugineux. Tête et corselet lisses ; la ligne des bords latéraux du corselet, roussâtre. Elytres noires, quelquefois un peu bleuâtres, marquées de stries lisses et de deux points enfoncés sur le troisième intervalle, vers la suture, l'un un peu au-dessus du milieu, l'autre au-dessus de l'extrémité.

3. *Calathus fuscus.* Longueur 4 1/2, 5 lig. Largeur 1 3/4, 2 lig.

Fabr., t. 1, p. 191. Oliv. 35. *Car. ambiguus*, n° 101. Latr. t. 8, p. 363. Dej., t. 3, p. 71. Id. Icon., t. 2, p. 308, pl. 111, fig. 4.

D'un noir brun. Pates, antennes et palpes jaunes. Tête et corselet lisses ; celui-ci plus étroit en devant, ses côtés ferrugineux. Elytres marquées de stries lisses et de deux points enfoncés, comme dans l'espèce précédente, quelquefois peu distincts.

4. *Calathus sulphuripes.* B. L. Longueur 5 lig. Largeur 2 lig.

D'un noir brun. Palpes et antennes roussâtres ; le premier article de celles-ci d'un jaune testacé,

Labre et mandibules d'un brun roussâtre, l'extrémité de celles-ci obscure. Tête et corselet lisses; ce dernier pointillé sur sa base, ses bords latéraux et postérieurs d'un jaune ferrugineux, ainsi que l'écusson. Elytres marquées de stries pointillées, avec des points enfoncés, plus gros sur les troisième et cinquième stries, entre la base et le milieu de celles-ci; la ligne des bords extérieurs est d'un jaune ferrugineux. Pates d'un jaune pâle.

Je l'ai trouvé au Mont-Dore.

5. *Calathus microcephalus.* Longueur 3, 3 1/2, lig. Larg. 1 1/3, 1 2/3 lig.

Dej., t. 3, p. 78. Id. Icon., t. 1, p. 313, pl. 112, fig. 3.

Noir en dessus; d'un brun obscur en dessous. Pates, antennes et palpes testacés. Tête petite, lisse, ainsi que le corselet; la ligne des bords latéraux de ce dernier d'un brun ferrugineux. Elytres marquées de stries lisses et de trois points enfoncés, deux sur le bord antérieur de la troisième strie, vers la suture, entre la base et le milieu, l'autre sur le bord extérieur de la seconde strie, au-dessus de l'extrémité.

6. *Calathus melanocephalus.* Longueur 3, 4 lig. Largeur 1 1/4, 1 3/4, lig.

Fabr., t. 1, p. 190. Oliv. 35, n° 124. Latr., t. 8, p. 364. Dej., t. 3, p. 80. Id. Icon., t. 2, p. 316, pl. 112, fig. 5.

D'un noir brun. Pates et antennes d'un jaune ferrugineux ou testacé, plus ou moins pâle. Tête noire ou d'un brun noirâtre, lisse. Corselet lisse, presque carré, plus étroit en devant et d'un rouge ferrugineux.. Elytres marquées de stries lisses et de trois points enfoncés : deux sur le bord interne de la troisième strie, l'autre sur le bord extérieur de la seconde, vers la suture, au-dessus de l'extrémité.

Var. ? *Calathus erytrocephalus.* B. L. Longueur 4, 4 1/2 lig. Largeur 1 3/4, 2 lig.

D'un noir brun. Tête et corselet lisses et d'un

rouge ferrugineux. Antennes et pates d'une cou
leur plus claire. Elytres striées et marquées comme
dans l'espèce. Pates jaunâtres; les cuisses plus
pâles.

Vingt-sixième genre. — *Taphria.* Dej.

Dernier article des palpes labiaux assez fortement
sécuriforme. Mandibules assez aiguës. Labre coupé
carrément. Antennes filiformes. Tête presque triangulaire. Corselet ovalaire ou arrondi postérieurement.
Jambes antérieures échancrées au côté interne. Les
trois premiers articles des tarses antérieurs du mâle,
assez fortement dilatés. Crochets des tarses dentelés
en dessus.

1. *Taphria vivalis.* Longueur 3, 3 3/4 lig. Largeur 1 1/4,
   1 1/2 lig.
     Dej., t. 3, p. 85. Id. Icon., t. 2, p. 321 , pl. 115,
fig. 2.

     Noire ou d'un noir brun en dessus. Pates, an-
tennes et palpes d'un rouge ferrugineux. Labre
d'un brun obscur, plus clair sur le bord. Tête et
corselet presque lisses; celui-ci un peu convexe;
la ligne des bords latéraux roussâtre. Elytres marquées de stries lisses et de deux ou trois points
enfoncés sur le troisième intervalle, vers la suture.
Poitrine et dessous du corselet bruns , ou noirâtres. Abdomen d'un brun rougeâtre.
     Mon individu a été trouvé dans nos montagnes,
sous des pierres.

Vingt-septième genre. — *Sphodrus.* Dej. *Carabus.*
    Fabr. Oliv. *Harpalus.* Latr.

Dernier article des palpes allongé , presque cylindrique, tronqué à son extrémité. Mandibules assez aiguës. Labre entier ou à peine échancré. Antennes filiformes; le troisième article au moins aussi long que
les deux suivants réunis. Corselet cordiforme. Les trois
premiers articles des tarses antérieurs du mâle, légèrement dilatés, assez fortement cordiformes. Crochets
des tarses non dentelés en dessous.

*. *Sphodrus planus*. Longueur 10, 12 lig. Largeur 3 1/4,
4 1/2 lig.

Fabr., t. 1, p. 179. Oliv. 35, *Car. spiniger*, n° 45.
Latr., t. 8, p. 334. Dej., t. 3, p. 85. Id. Icon., t. 2,
p. 327, pl. 114, fig. 1.

Noir. Palpes rougeâtres. Antennes brunes, leurs
trois ou quatre premiers articles noirâtres. Corselet presque lisse. Elytres légèrement convexes,
plus larges que le corselet, marquées de stries légèrement ponctuées. Dessous du corps noir ou
d'un noir brun. Pates d'un noir luisant.

Il se trouve dans les lieux sombres et frais : dans
les celliers, les cuvages, etc.

VINGT-HUITIÈME GENRE. — *Anchomenus*. Dej. *Agonum*,
Olistopus. Dej. *Carabus*. Fabr. Oliv. *Harpalus*. Latr.

Les trois premiers articles des tarses antérieurs du
mâle dilatés, assez allongés, légèrement triangulaires
ou cordiformes, ou presque carrés. Corselet plus ou
moins cordiforme ou arrondi, ses angles postérieurs
plus ou moins apparents ou nuls. Labre en carré moins
long que large. Mandibules peu arquées, assez aiguës.
Crochets des tarses sans dentelures. Un sillon longitudinal dans le milieu du corselet ; une impression sur
chaque côté de sa base.

Je réunis, sous le nom d'*anchomenus*, les trois genres
anchomenus, *agonum*, *olistopus* de M. le général Dejean,
qui ne diffèrent entre eux que par des caractères peu
distincts et peu saillants.

Les insectes de ce genre se trouvent plus spécialement sous les pierres, dans les lieux humides ou sablonneux.

Anchomenus. Dej. — Corselet cordiforme ; les
angles postérieurs toujours marqués.

1. *Anchomenus angusticolis*. Longueur 4 1/2, 5 lig. Largeur 1 3/4, 2 lig.

Fabr., t. 1, p. 182. Latr., t. 8, p. 336. Dej., t. 3,
p. 104. Id. Icon., t. 2, p. 347, pl. 117, fig. 1.

Noir. Labre et mandibules noirâtres. Palpes
d'un brun roussâtre. Antennes d'un brun noirâtre,

Tête lisse, corselet légèrement ridé, étroit, rétréci postérieurement ; ses côtés légèrement roussâtres. Elytres beaucoup plus larges que le corselet, marquées de stries à peine ponctuées et de
trois points enfoncés, distincts, sur le troisième
intervalle, vers la suture. Pates brunes, les tarses
d'un brun rougeâtre.

2. *Anchomenus prasinus.* Longueur 3 1/4, 3 1/2 lignes.
Largeur 1 1/4, 1 1/2 lignes.

Fabr., t. 1, p. 206. Oliv., 35, n° 146. Latr., t. 8,
p. 337. Dej., t. 3, p. 116. Id. Icon., t. 2, p. 347,
pl. 117, fig. 1.

D'un noir verdâtre en dessous. Mandibules et
labre d'un brun obscur. Palpes et base des antennes rougeâtres, celles-ci brunes. Tête et corselet
lisses, et d'un vert bronzé assez brillant. Corselet
étroit, rétréci postérieurement. Elytres ferrugineuses, avec une grande tache postérieure, commune aux deux élytres, qui ont des stries à peine
ponctuées et trois ou quatre points enfoncés sur
le troisième intervalle, vers la suture. Pates pâles.

3. *Anchomenus pallipes.* Long. 3 1/4, 3 1/2 lignes. Larg.,
1 1/2, 1 2/3 lignes.

Fabr., t. 1, p. 187. Latr., t. 8, p. 338. Dej., t. 3,
p. 119. Id. Icon., t. 2, p. 349, pl. 117, fig. 5.

D'un brun plus ou moins obscur, quelquefois
presque noir en dessus. Mandibules et labre bruns,
Palpes et antennes d'un jaune roussâtre ; le premier article de celles-ci plus clair. Tête et corselet
noirs et lisses. Corselet rétréci postérieurement,
ponctué sur sa base. Elytres marquées de stries
lisses et de deux points enfoncés, sur le troisième
intervalle, vers la suture. Pates d'un jaune pâle.

Var.? *Anchomenus melanophtalmus.* B. L. Jaunâtre en dessous, un peu plus foncé en dessus.
Palpes et antennes jaunâtres ; les trois premiers
articles de celles-ci pâles. Tête et corselet d'un
roux ferrugineux ; les yeux noirs. Elytres d'un
jaune roussâtre, marquées de stries lisses, sans
points enfoncés distincts. Pates pâles.

4. *Anchomenus oblongus.* Longueur 2 3/4 lignes. Larg.
1 1/4 ligne.

Fabr., t. 1, p. 186. Latr., t. 8, p. 358. Dej.,
t. 3., p. 121. Id. Icon., t. 2, p. 351, pl. 117, fig. 4.

D'un brun noirâtre en dessous. Mandibules et
labre bruns. Palpes et antennes d'un jaune roussâtre, plus clair sur la base. Tête lisse, noirâtre.
Corselet brun, étroit, rétréci et fortement ponctué sur sa base. Elytres d'un brun clair ou testacé,
marquées de stries lisses ou à peine ponctuées, et
de trois petits points enfoncés sur le troisième intervalle, vers la suture. Pates d'un jaune rougeâtre pâle.

Agonum. Dej. Corselet plus ou moins arrondi,
les angles postérieurs peu ou point marqués.

5. *Anchomenus marginatus.* Long. 4, 4 1/2 lignes. Larg.
1 1/2, 1 3/4 ligne.

Fabr., t. 1, p. 199. Oliv., 35, n° 115. Latr.,
t. 8, p. 340. Dej., t. 3, p. 133. Id. Icon., t. 2,
p. 355, pl. 118, fig. 1.

D'un vert bronzé clair en dessus, plus foncé
en dessous. Bouche et antennes d'un brun noirâtre ; le premier article de celles-ci moins foncé
sur sa base. Tête et corselet presque lisses. Elytres
bordées de jaune pâle, leur suture cuivreuse ; elles
sont marquées de stries peu profondes, légèrement ponctuées, et de trois points enfoncés sur
le troisième intervalle, vers la suture. Cuisses
noirâtres ; leur base et les jambes d'un jaune pâle ;
l'extrémité de celles-ci et les tarses noirâtres.

6. *Anchomenus modestus.* Long. 3 3/4, 4 1/4 lig. Larg.
1 1/2, 1 3/4 lig.

Oliv., 35. Car. *Nigriconis*, n° 113. Latr., t. 8,
p. 339. Dej., t. 3, p. 138. Id. Icon., t. 2, p. 359,
pl. 118, fig. 4.

D'un vert bronzé en dessous. Labre, mandibules et palpes bruns. Antennes d'un noir obscur.
Tête et corselet d'un vert cuivreux brillant ; les
impressions de la base de celui-ci larges et ponctuées. Elytres d'un beau vert, leur suture un peu
bronzée ; elles sont marquées chacune de dix points

enfoncés, dont quatre près du bord extérieur de la seconde strie vers la suture, et six sur le même bord de la troisième. Pates noires, les cuisses verdâtres.

7. *Anchomenus sex punctatus.* Long. 3 1/4, 4 1/4 lignes. Larg. 1 1/2, 2 lignes.

Fabr., t. 1, p. 199. Oliv. 35, n° 114. Latr., t. 8, p. 339. Dej., t. 3, p. 140. Id. Icon., t. 2, p. 360, pl. 118, fig. 5.

D'un vert obscur en dessous, d'un vert brillant ou doré en dessus. Palpes, mandibules et antennes d'un noir obscur; la base de celle-ci bronzée. Tête et corselet lisses, d'un vert bleuâtre ou doré. Elytres d'un rouge cuivreux, bordées extérieurement de vert bleuâtre, légèrement marquées de stries ponctuées et de six points enfoncés sur le troisième intervalle, vers la suture. Jambes et tarses noirâtres ou d'un noir verdâtre. Les cuisses sont de la couleur du corps.

8. *Anchomenus parum punctatus.* Long. 3 1/4, 4 lignes. Larg. 1 1/2, 1 3/4 lig.

Fabr., t. 1, p. 199. Dej., t. 3, p. 143. Id. Icon., t. 2, p. 363, pl. 119, fig. 1.

D'un vert bronzé plus ou moins obscur. Antennes et bouche d'un brun noirâtre; le premier article des antennes d'un brun ferrugineux ou testacé, surtout en dessous. Tête et corselet lisses. Elytres d'un vert un peu cuivreux ou obscur, légèrement marquées de stries presque lisses et de trois points enfoncés sur le troisième intervalle, vers la suture. Cuisses d'un brun ferrugineux. Jambes et tarses d'un brun rougeâtre.

Var. D'un brun noirâtre sur la tête et le corselet. Pates entièrement d'un brun ferrugineux, moins foncé sur les jambes et les tarses.

9. *Anchomenus viduus.* Long. 3 1/4, 4 lig. Larg. 1 1/2, 1 3/4 lignes.

Dej., t. 3, p. 149. Id. Icon., t. 2, p. 368, pl. 119, fig. 6.

D'un noir bronzé luisant. Antennes d'un noir

luisant à leur base, plus obscur sur le reste. Tête et corselet lisses; les côtés de celui-ci un peu déprimés et un peu relevés postérieurement. Élytres marquées de stries lisses et de trois points enfoncés sur le troisième intervalle, vers la suture. Jambes et tarses noirâtres.

10. *Anchomenus lugens.* Long. 4, 4 1/2 lig. Larg. 1 1/2, 1 2/3 lignes.

Dej., t. 3, p. 153. Id. Icon., t. 2, p. 371, pl. 120, fig. 2.

Cette espèce et les deux suivantes ne me paraissent être que des variétés de la précédente. Elle est noire en dessus. Le corselet est un peu plus étroit et allongé. Élytres striées et marquées comme dans le *viduus;* les points postérieurs du troisième intervalle sont moins apparents. Dessous du corps et pates noirâtres.

11. *Anchomenus lugubris.* Long. 3 1/4, 3 3/4 lig. Larg. 1 1/3, 1 2/3 lig.

Dej., t. 3, p. 154. Id. Icon., t. 2, p. 372, pl. 120, fig. 4.

D'un noir luisant. Élytres striées et marquées comme dans le *viduus;* le point intermédiaire du troisième intervalle des élytres, vers la suture, peu apparent. Jambes et tarses postérieurs d'un noir brun.

12. *Anchomenus niger.* Long. 3, 3 1/2 lig. Larg. 1 1/3, 1 2/3 lig.

Dej., t. 3, p. 157. Id. Icon., t. 2, p. 380, pl. 122, fig. 1.

D'un noir luisant. Élytres striées et marquées comme dans les précédents. Les deux points postérieurs du troisième intervalle peu apparents, ou manquant totalement dans le mâle. Jambes antérieures d'un noir brun, quelquefois rougeâtre.

13. *Anchomenus fuliginosus.* Long. 2 1/3, 3 lig. Larg. 1 1/4, 1 1/2 lig.

Dej., t. 3, p. 163. Id. Icon., t. 2, p. 380, pl. 122, fig. 1.

Noir, ou d'un noir presque brun en dessous.

Palpes et antennes de cette couleur. Tête et corselet noirs et lisses. Elytres noirâtres ou brunes,
marquées de stries lisses et de deux points enfoncés sur le troisième intervalle, vers la suture.
Cuisses noires ou noirâtres. Jambes et tarses d'un
brun plus ou moins foncé.

Var.? *Anchomenus obscur.* B. L. Long. 3 1/4 lig.
Larg. 1 1/3 lig.

Noir. Palpes fauves. Antennes d'un fauve clair;
le premier article plus pâle. Tête et corselet lisses;
les impressions de la base de celui-ci à peine marquées, très-faiblement ponctuées. Elytres d'un
brun obscur, marquées de stries lisses, sans points
dorsaux apparents. Dessous du corps d'un noir
obscur. Pates entièrement d'un jaune testacé.

Je l'ai trouvée dans les environs de Pont-
gibaud, sur les bords de la Sioule, sous des
pierres.

14. *Anchomenus pelidnus.* Long. 2 3/4, 3 lig. Larg.
1 1/4, 1 1/3 lig.

Dej., t. 3, p. 161. Id. Icon., t. 2, p. 381, pl. 122,
fig. 2.

Noir en dessous. D'un brun bronzé en dessus.
Palpes d'un brun roux, le dernier article noirâtre.
Tête et corselet lisses. Elytres marquées de stries
presque lisses, et de trois à cinq points enfoncés,
peu apparents, sur le troisième intervalle, vers la
suture. Cuisses noires ou noirâtres. Jambes et
tarses d'un brun plus ou moins rougeâtre.

15. *Anchomenus picipes.* Long. 2 1/2, 3 lig. Larg. 1,
1 1/4 lig.

Fabr., t. 1, p. 203. Dej., t. 3, p. 163. Id. Icon.,
t. 2, p. 381, pl. 122, fig. 2.

Noir ou d'un noir brun. Antennes d'un brun
obscur, leur premier article roussâtre, surtout en
dessous. Tête et corselet lisses. Elytres brunes
ou d'un fauve brun, marquées de stries lisses et
de plusieurs points enfoncés, plus ou moins apparents sur le troisième intervalle, vers la suture.
Dessous des bords latéraux d'un jaune plus ou
moins foncé. Pates de cette couleur.

Olistopus. Dej. Une petite dent au milieu de l'échancrure du menton.

16. *Anchomenus rotundatus.* Long. 3, 3 1/2 lignes. Larg. 1 1/4, 1 1/2 lig.

Dej., t. 3, p. 177. Id. Icon., t. 2, p. 388, pl. 123, fig. 1.

D'un bronzé noirâtre en dessus, d'un brun plus ou moins roussâtre en dessous. Palpes et antennes d'un jaune testacé. Tête lisse. Corselet finement pointillé sur sa partie postérieure, plus fortement sur les impressions de sa base. Élytres marquées de stries lisses et de trois points enfoncés sur le troisième intervalle, vers la suture. Pates d'un jaune testacé.

VINGT-NEUVIÈME GENRE. — *Feronia.* Latr., Dej. *Carabus.* Fabr., Oliv. *Harpalus.* Latr.

Latreille avait réuni, sous le nom générique de *Féronie, Feronia* (a), un grand nombre des genres créés par les entomologistes de cette époque, et quelques-uns de la division des patellimanes, Dej. (b); plus tard, il a placé ces différents genres et quelques autres dans sa division des *thoraciques, thoracici* (c).

M. le général Dejean avait admis dans le premier catalogue des insectes de sa collection (d), un assez grand nombre des genres créés par les entomologistes étrangers. Enfin, dans son *species* (e), il a rétabli le genre *Feronia* tel à peu près que Latreille l'avait d'abord établi ou adopté.

Les caractères sont aujourd'hui :

Dernier article des palpes cylindrique ou légèrement sécuriforme. Les trois premiers articles des tarses

---

(a) Règne animal, 1re édition, t. 3, p. 190 et suivantes. Année 1817.

(b) *Species* des coléoptères de sa collection.

(c) Hist. nat. et Iconographie des coléoptères d'Europe. Année 1822.

(d) Année 1821.

(e) T. 3, décembre 1828.

antérieurs dilatés dans les mâles, moins longs que larges, fortement triangulaires ou cordiformes. Un sillon longitudinal dans le milieu du corselet; une ou deux impressions sur chaque côté de sa base.

Les insectes de ce genre se trouvent sous les pierres, ou courant dans les champs, ou sur les bords des courants d'eaux.

1re DIVISION. — *Pœcilus*. Dej., 1er catalogue.

1. *Feronia punctulata.* Long. 5 1/2, 6 lig. Larg. 2 1/4, 2 1/2 lig.

Fabr., t. 1, p. 191, n° 115. Dej., t. 3, p. 206. Id. Icon., t. 3, p. 11, pl. 126, fig. 1.

D'un noir mat en dessus, d'un noir luisant en dessous. Tête et corselet lisses, une impression assez large et ponctuée sur chaque côté de la base de ce dernier; une petite élévation entre cette impression et le bord extérieur. Elytres marquées de légères stries finement ponctuées et de trois points enfoncés, plus gros sur le troisième intervalle, vers la suture. Pates d'un noir luisant.

2. *Feronia cuprea.* Long. 4, 6 lig. Larg. 1 1/2, 2 1/2 lignes.

Fabr., t. 1, p. 195. Oliv., 35, n° 96. Latr., t. 8, p. 353. Dej., t. 3, p. 207. Id. Icon., t. 5, p. 12, pl. 126, fig. 2.

Les couleurs de cet insecte varient beaucoup; celle qui est la plus générale est le vert bronzé ou cuivreux : on en trouve d'un bleu verdâtre ou violet, ou entièrement noire. Antennes obscures, les deux premiers articles d'un rouge ferrugineux ou jaunâtre. Deux impressions pointillées sur chaque côté de la base du corselet, l'extérieure plus petite. Elytres marquées de stries plus ou moins distinctement ponctuées, et de trois ou quatre points enfoncés sur la partie postérieure du troisième intervalle vers, la suture. Cuisses d'un noir verdâtre ou bleuâtre. Jambes et tarses d'un brun plus ou moins noirâtre.

Var.? Plus petite, noire; les élytres d'un noir verdâtre; le troisième article des antennes de la couleur du premier, sa base noire.

3. *Feronia dimidiata*. Long. 5 1/2, 7 lig. Larg. 2, 2 1/4 lignes.

Fabr., t. 1, p. 194. Oliv., 35, n° 94. Latr., t. 8, p. 354. Dej., t. 3, p. 213. Id. Icon., t. 3, p. 16, pl. 126, fig. 4.

D'un rouge cuivreux, plus brillant sur la tête et le corselet, quelquefois obscur. Antennes obscures ou d'un vert noirâtre, surtout dans le milieu; les deux premiers articles d'un brun rougeâtre en dessous. Deux impressions de chaque côté de la base du corselet, l'extérieure beaucoup plus petite. Élytres d'un vert plus ou moins brillant, quelquefois d'un bronzé plus ou moins obscur, marquées de stries ponctuées et de quatre points enfoncés, plus gros sur le troisième intervalle, vers la suture. Dessous du corps et poitrine d'un vert bronzé plus ou moins obscur. Abdomen et pates noirs.

4. *Feronia peregrina*. B. L. Long. 5 1/2, 6 lig. Larg. 1 3/4, 2 lig.

Elle n'est peut-être qu'une variété de la *Feronia viatica*? Dej., t. 3, p. 216. Id. Icon., t. 3, p. 19, pl. 127, fig. 1.

Noire ou d'un noir bleuâtre, quelquefois verte; les bords du corselet d'une nuance plus claire. Tête lisse ou faiblement ponctuée. Corselet lisse, deux impressions ponctuées sur chaque côté de sa base ; l'intérieure plus étroite et plus longue. Élytres marquées de stries lisses et de trois points enfoncés sur le troisième intervalle, vers la suture, l'un au dessous de la base, le second vers et un peu au-dessous du milieu, le troisième au-dessus de l'extrémité. Antennes, palpes, dessous du corps et pates noirs.

5. *Feronia lepida*. Long. 5 1/4, 6 lig. Larg. 1 3/4, 2 1/2 lig.

Fabr., t. 1, p. 189. Oliv., 35, n° 88. Latr., t. 8, p. 354. Dej., t. 3, p. 218. Id. Icon., t. 3, p. 31, pl. 127, fig. 2.

D'un vert cuivreux plus ou moins brillant, quelquefois noire ou d'un noir bleuâtre. Tête lisse. Antennes noirâtres ; leurs trois premiers articles, les palpes et le labre noirs. Corselet lisse, deux impressions sur chaque côté de sa base. Élytres marquées de stries lisses, et de trois ou quatre points enfoncés sur le troisième intervalle, vers la suture. Dessous du corps et cuisses d'un noir verdâtre ou bronzé. Jambes et tarses noirs.

2ᵉ DIVISION. — *Argutor*. Dej. 1ᵉʳ catalogue.

Corps assez allongé, quelquefois large et déprimé. Corselet presque carré ou cordiforme. Palpes assez minces, leur dernier article cylindrique.

Les insectes de cette division se trouvent ordinairement sous les pierres, au bord des eaux et dans les montagnes.

6. *Feronia vernalis*. Long. 2 3/4, 3 1/4 lig. Larg. 1 1/4, 1 1/2 lig.

Fabr., t. 1, p. 207. Dej., t. 3, p. 241. Id. Icon., t. 3, p. 32, pl. 129, fig. 1.

D'un noir luisant. Palpes bruns, leur extrémité jaunâtre. Antennes brunes, leur premier article d'un brun rougeâtre. Tête lisse, corselet lisse, une seule impression sur chaque côté de sa base ; pointillée, ainsi que l'espace entre celle-ci et le bord extérieur. Élytres marquées de stries lisses ou légèrement ponctuées, et de trois points enfoncés sur le troisième intervalle, vers la suture. Pates d'un brun ferrugineux.

7. *Feronia negligens*. Long. 2 1/2, 2 3/4 lig. Larg. 1, 1 1/4 lig.

Dej., t. 3, p. 249. Id. Icon., t. 3, p. 35, pl. 129, fig. 3.

D'un noir brun, et finement ponctuée en dessous. Antennes et palpes d'un rouge ferrugineux. Mandibules et labre d'un brun rougeâtre. Tête noire, étroite, lisse. Corselet d'un brun noirâtre, ponctué sur sa base ; une impression mince et allongée sur chaque côté de celle-ci. Élytres d'un brun noirâtre, quelquefois roussâtre, marquées

de stries ponctuées et d'un petit point enfoncé
au dessus de l'extrémité du troisième intervalle,
vers la suture.

8. *Feronia vicina.* B. L. Longueur 3 lignes. Largeur
1 1/3 lig.

Noire. Palpes d'un brun rougeâtre. Mandibules
et labre d'un brun noirâtre. Pates noirâtres ou
d'un brun ferrugineux. Antennes brunes, leur
premier article rougeâtre. Tête lisse. Corselet
lisse, aussi long que large ; une impression sur
chaque côté de sa base et quelques petits points
enfoncés près des angles postérieurs. Elytres marquées de stries lisses et d'un petit point enfoncé
au-dessus de l'extrémité du troisième intervalle,
vers la suture.

9. *Feronia rubripes.* Longueur 2 1/2, 3 lig. Largeur 1,
1 1/4 lig.

Dej., t. 3, p. 248. Id. Icon., t. 3, p. 34, pl.
129, fig. 2.

Noire. Antennes et pates rougeâtres. Tête et
corselet lisses, luisants ; quelques points enfoncés
épars sur la base du corselet ; une seule impression, longue et lisse, sur chacun des côtés de sa
base. Elytres bleues ou d'un bleu verdâtre, marquées de stries lisses et d'un point enfoncé sur le
milieu du troisième intervalle, vers la suture.

10. *Feronia crudita.* Long. 2 3/4, 3 1/4 lignes. Larg.
1 1/4, 1 1/2 lig.

Dej., t. 3, p. 152. Id. Icon., t. 3, p. 39, pl. 129,
fig. 6.

D'un noir luisant. Antennes brunes, leurs trois
premiers articles et les palpes rougeâtres. Tête et
corselet lisses ; deux impressions distinctes sur
chaque côté de la base de celui-ci, l'intérieure
beaucoup plus grande, et ponctuée dans le fond.
Elytres marquées de stries lisses ou légèrement
ponctuées. Les sixième et septième peu apparentes ou moins marquées. Aucuns points enfoncés
distincts sur les intervalles, entre les stries. Côtés
du dessous du corselet plus ou moins fortement
ponctués. Pates d'un rouge ferrugineux.

11. *Feronia strenua.* Long. 2, 1/2, 2 3/4 lig. Larg. 1 1/4,
1 1/2 lig.

Dej., t. 3, p. 252. Id. Icon., t. 3, p. 39, pl.
130, fig. 1.

Il me paraît difficile de séparer cette espèce de
la précédente, dont elle ne diffère que par l'absence de l'impression extérieure de la base du
corselet. Les élytres, quelquefois brunes, sont
striées de la même manière, sans aucuns points
enfoncés distincts sur les intervalles.

12. *Feronia pusilla.* Long. 2 1/4, 2 1/2 lig. Larg. 3/4,
1 lig.

Dej., t. 3, p. 255. Id. Icon., t. 3, p. 42, pl. 130,
fig. 3.

D'un noir luisant. Palpes et antennes d'un
rouge ferrugineux. Tête et corselet lisses, une
seule impression sur chaque côté de la base de ce
dernier. Elytres marquées de stries ponctuées,
presque toutes également apparentes; trois points
enfoncés sur le troisième intervalle, vers la suture.
Pates d'un rouge ferrugineux. Côtés du dessous
du corselet à peine ou légèrement ponctué.

Je l'ai trouvé au mont Dore.

13. *Feronia spadicea.* Longueur 2 1/2 lig. Larg. 1 lig.

Dej., t. 5, p. 263. Id. Icon., t. 3, p. 150, pl.
131, fig. 5.

D'un noir plus ou moins foncé, assez luisant.
Pates, antennes et palpes d'un brun ferrugineux.
Tête lisse, presque triangulaire. Corselet presque
aussi long que large, lisse, sa base assez fortement pointillée, un enfoncement longitudinal sur
chaque côté de celle-ci. Elytres marquées de stries
pointillées et de deux petits points enfoncés,
peu distincts, sur le troisième intervalle, vers la
suture.

14. *Feronia amaroïdes.* Long. 3 1/2, 4 lig. Larg. 1 1/2,
1 3/4 lig.

Dej., t. 3, p. 266. Id. Icon., t. 3, p. 54, pl. 130,
fig. 3.

Noire. Pates, antennes et palpes d'un rouge

ferrugineux. Tête et corselet lisses. Deux impressions de chaque côté de la base de ce dernier ; l'extérieure lisse, plus large et plus courte : l'extérieure un peu ponctuée sur sa base. Elytres marquées de stries légèrement ponctuées et de deux points enfoncés sur la partie postérieure du troisième intervalle, vers la suture. Dessous du corps d'un noir brun.

Je l'ai trouvé au mont Dore.

3e DIVISION. — *Omaseus.* Dej. 1er catalogue.

Corps assez allongé. Corselet presque carré. Elytres légèrement ovales, presque parallèles. Dernier article des palpes presque cylindriques, ou légèrement sécuriforme. Corselet arrondi postérieurement.

15. *Feronia melanaria.* Long. 5 3/4, 8 1/4 lig. Larg. 2, 3 lig.

Fabr., *Car. leucophtalmus*, t. 1, p. 177. Oliv., 35, n° 51. Latr., t. 8, p. 334. Dej., t. 3, p. 271. Id. Icon., t. 3, p. 60, pl. 133, fig. 3.

D'un noir assez luisant. Palpes d'un roux jaunâtre. Antennes brunes, les articles de la base noirs. Tête et corselet lisses. Un enfoncement sur chaque côté de la base de ce dernier, et, dans cet enfoncement, deux impressions longitudinales un peu ponctuées, dont l'intérieure est séparée du bord par un pli élevé. Elytres marquées de stries lisses ou très-légèrement ponctuées, et de deux points enfoncés sur la partie postérieure du troisième intervalle, vers la suture. Dessous du corps lisses. Pates noires ; les tarses bruns.

16. *Feronia nigrita.* Longueur 4 1/2, 5 1/2 lig. Largeur 1 1/2, 2 lig.

Fabr., t. 1, p. 200. Dej., t. 3, p. 284. Id. Icon. t. 3, p. 68, pl. 134, fig. 4.

D'un noir luisant. Palpes noirs, le dernier article roussâtre à son extrémité. Antennes d'un brun obscur, les trois premiers articles noirs. Tête et corselet lisses, ce dernier ayant une impression pointillée sur chaque côté de sa base. Elytres marquées de stries lisses ou légèrement ponctuées, et de trois points enfoncés sur le troisième intervalle, vers la suture. Poitrine et dessous du corselet pointillés. Cuisses noires. Jambes et tarses d'un noir brun. Un petit point enfoncé, à peine visible à l'œil nu, sur le dernier anneau de l'abdomen.

17. *Feronia anthracina.* Long. 4 1/2 , 5 1/2 lig.

Dej., t. 3, p. 286. Id. Icon., t. 3, p. 69, pl. 120, fig. 5.

Cette espèce est peu distincte de la précédente. Les couleurs sont absolument les mêmes. Son corselet est un peu plus étroit et allongé. L'enfoncement de chaque côté de la base laisse apercevoir deux impressions longitudinales, dont l'extérieure est très-petite. Les stries des élitres sont légèrement ponctuées et marquées de trois points enfoncés sur le troisième intervalle vers la suture. Poitrine et dessous du corselet assez fortement ponctués. Dernier anneau de l'abdomen du mâle portant une fossette allongée.

4e DIVISION. — *Steropus.* Dej., 1er catalogue.

Aptère. Corselet arrondi postérieurement. Elytres ovales, convexes.

18. *Feronia concinna.* Longueur 6 1/2 , 8 lig. Largeur 2 1/4, 3 lig.

Dej., t. 3, p. 393. Id. Icon., t. 3 , p. 77, pl. 136, fig. 1.

Noir. Palpes d'un brun roussâtre. Tête et corselet lisses ; celui-ci portant un enfoncement sur chaque côté de sa base, lisse ou légèrement rougueux, laissant apercevoir deux impressions longitudinales ; les angles postérieurs sont arrondis. Elytres marquées de stries lisses ou à peine ponctuées et d'un point enfoncé, au-dessus de l'extrémité du troisième intervalle vers la suture. Pates noires ; les tarses d'un brun ferrugineux, surtout dans le mâle. Le dernier anneau de l'abdomen du mâle porte une fossette assez grande et profonde , terminée antérieurement par un pli transversal.

19. *Feronia madida.* Long. 6 1/2, 8 lig. Larg. 2 1/4, 3 lig.

Fabr., t. 1, p. 181. Dej., t. 3, p. 294. Id. Icon., t. 3, p. 79, pl. 136, fig. 2.

D'un noir luisant. Elle ressemble beaucoup à la précédente, dont elle ne paraît différer que par la couleur de ses cuisses, qui sont d'un rouge ferrugineux. Les jambes et les tarses sont rougeâtres, ou d'un noir plus ou moins brun.

20. *Feronia æthiops.* Long. 5 1/4, 6 lig. Larg., 2, 2 1/2 lignes.

Dej., t. 3, p. 298. Id. Icon., t. 3, p. 84, pl. 137, fig. 3.

D'un noir luisant. Palpes d'un brun noirâtre; leur extrémité roussâtre. Antennes d'un noir obscur. Leurs trois premiers articles d'un noir luisant. Tête et corselet lisse. Les bords de ce dernier minces, un peu relevés postérieurement. Un large enfoncement sur chaque côté de sa base, et dans celui-ci deux impressions longitudinales plus ou moins distinctes. Elytres marquées de stries lisses et de trois points enfoncés sur le troisième intervalle, vers la suture. Pates noires. Avant dernier anneau de l'abdomen du mâle, portant une dent assez élevée.

5º DIVISION. — *Platysma.* Dej., 1ᵉʳ catalogue.

Corselet cordiforme, rétréci postérieurement. Les angles postérieurs saillants.

21. *Feronia picimana.* Long. 5 1/2, 6 lig. Larg. 1 3/4, 3 1/4 lig.

Dej. t. 3, p. 316. Id. Icon., t. 3, p. 87, pl. 138, fig. 1.

D'un brun presque noir en dessus. Labre et palpes d'un brun roussâtre. Antennes rousses; leurs trois ou quatre premiers articles d'un noir brun. Tête et corselet lisses. Ce dernier fortement rétréci postérieurement ; une seule impression sur chaque côté de sa base. Elytres marquées de stries lisses ou légèrement ponctuées , et de trois points enfoncés sur le troisième intervalle, vers la suture. Poitrine et dessous du corselet assez fortement ponctuées et d'un brun roux. Abdomen et pates d'un rouge ferrugineux.

22. *Feronia oblongo guttata.* Long. 4 1/2, 5 lig. Larg. 1 3/4, 2 lig.

Fabr., t. 1, p. 183. Oliv. 35, n° 111. Dej. t. 3, p. 316. Id. Icon., t. 3, p. 99, pl. 140, fig. 2.

Ordinairement d'un bronzé obscur ou verdâtre , quelquefois tout à fait noir. Palpes d'un brun roussâtre. Cinq points enfoncés sur le bord du labre. Tête et corselet lisses. Celui-ci a, sur chaque côté de sa base, une impression longitudinale, dont le fond et les bords sont légèrement ponctués. Elytres marquées de stries lisses ou légèrement ponctuées, et de trois gros points enfoncés sur le troisième intervalle, vers la suture. Dessous du corps noir ou d'un noir brun. Jambes et tarses d'un brun roussâtre. Cuisses de la couleur du corps.

7° Division. — *Pterostichus.*

23. *Feronia nigra.* Long. 7, 9 lig. Larg. 2 2/3, 3 2/3 lig.

Fabr. t. 1, p. 178. Latr., t. 8, p. 551. Dej., t. 3, p. 337. Id. Icon., t. 3, p. 108, pl. 142, fig.

Noir. Extrémité des palpes roussâtre. Antennes d'un brun rougeâtre, les articles de la base noirs. Tête presque lisse ou à peine ponctuée. Corselet lisse ; deux impressions longitudinales, pointillées sur chaque côté de sa base , les angles postérieurs peu saillants. Elytres marquées de stries assez profondes, lisses ou légèrement ponctuées, et de trois points enfoncés sur le troisième intervalle, vers la suture.

24. *Feronia parum punctata.* Long. 6, 8 lig. Larg. 2, 3 lig.

Dej., t. 3, p. 342. Id. Icon., t. 3, p. 112, pl. 142, fig. 3.

Noir. Palpes ferrugineux. Antennes brunes, leur base d'un brun noirâtre. Tête et corselet lisses. Ce dernier rétréci postérieurement, ses angles postérieurs peu saillants; deux impressions longitudinales sur chaque côté de sa base, l'extérieure courte, l'intérieure presque deux fois aussi longue. Élytres marquées de stries lisses, ou très-légèrement ponctuées, et de trois points enfoncés sur le troisième intervalle, vers la suture. Pates noires. Tarses d'un brun plus ou moins rougeâtre.

Var.? *Feronia rufitarsis*. B. L. Les quatre tarses antérieurs et l'extrémité des jambes intermédiaires rougeâtres. La ligne élevée sur le bord du dernier anneau de l'abdomen du mâle, formant une sorte de dent sur sa base. — Mont-Dore.

25. *Feronia montana*. B. L. Long. 6 1/2, 7 1/2 lig. Larg. 2, 2 1/3 lig.

Cette espèce peut aussi n'être qu'une variété de l'espèce précédente. Elle est proportionnellement plus étroite et plus convexe. Les impressions du corselet sont moins inégales, et le milieu de sa base est lisse. Les stries des élytres sont plus distinctement ponctuées; les intervalles entre celles-ci sont moins larges; les points enfoncés du troisième intervalle sont plus petits; celui de la base manque quelquefois, ou est à peine apparent. Pates noires, les tarses d'un brun rougeâtre. — Mont-Dore.

26. *Feronia honnoratii*. Long. 6 1/4, 7 1/4 lig.

Dej., t. 3, p. 343. Id. Icon., t. 3, p. 85, pl. 145, fig. 4.

Noir. Palpes ferrugineux. Antennes brunes, leurs trois premiers articles noirs. Tête étroite, lisse, rétrécie postérieurement. Corselet lisse, coupé un peu obliquement sur les côtés de sa base; une impression longitudinale, lisse sur chaque côté de celle-ci. Élytres marquées de stries lisses, et de trois, quatre ou cinq points enfoncés, sur le troisième intervalle, vers la suture. Pates d'un brun ferrugineux. Les cuisses, celles antérieures surtout, d'un brun plus obscur ou noirâtre.

27. *Feronia femorata.* B. L. Long. 6, 7 lig. Larg. 2,
2 1/2 lig.

Dej., t. 3, p. 345. Id. Icon., t. 3, p. 116, pl. 143,
fig. 1.

D'un noir luisant. Palpes bruns, l'extrémité de
leur dernier article rougeâtre. Antennes noires;
les derniers articles plus ou moins rougeâtres.
Cuisses d'un rouge ferrugineux ou jaunâtre. Tête
et corselet lisses; ce dernier presque aussi long
que large, surtout dans les mâles, beaucoup plus
étroit postérieurement. Une impression longitudinale lisse sur chaque côté de la base. Elytres
marquées de stries lisses et de quatre points enfoncés sur le troisième intervalle, vers la suture.
Dessous du corps lisse.

8e DIVISION. — *Abax.* Dej. 1er catalogue.

Aptères. Corps ordinairement large et court. Corselet presque carré ou trapésoïde, aussi large que les
élytres. Dernier article des palpes légèrement sécuriforme.

28. *Feronia striola.* Long. 7 1/2, 9 1/2 lig. Larg. 3,
4 lig.

Fabr., t. 1, p. 188. Oliv. 35, *Car. depressus.*
n° 63. Latr., t. 8, p. 366. Dej., t. 3, p. 3, pl. 378.
Id. Icon., t. 3, p. 151, pl. 148, fig. 1.

D'un noir luisant, plus mat dans les femelles.
Labre et palpes d'un brun noirâtre; l'extrémité
de ceux-ci roussâtre. Antennes brunes, les articles
de la base noirs. Tête et corselet lisses; deux impressions lisses, assez grandes, sur chaque côté de
sa base. Elytres marquées de stries lisses ou légèrement ponctuées. Le septième intervalle, près
du bord extérieur, formant à sa base une espèce
de pli qui atteint l'angle huméral. Dernier anneau
de l'abdomen du mâle lisse.

29. *Feronia ovalis.* Long. 6, 7 lig. Larg. 2 1/2, 3 lig.

Dej., t. 3, p. 385. Id. Icon., t. 3, p. 160, pl.
149, fig. 2.

Noir. Palpes d'un brun roussâtre. Antennes

d'un brun noirâtre , le dernier article rougeâtre. Tête et corselet lisses ; deux impressions lisses sur chaque côté de sa base. Elytres marquées de stries lisses , sans aucuns points enfoncés sur les intervalles entre les stries. Pates et dessous du corps , noirs. Les tarses d'un brun plus ou moins roussâtre.

Var.? Plus petite. Elle me paraît se rapprocher de la *feronia beckenhauptii.* Dej. t. 3 , p. 387. Sa forme et la couleur du dessus du corps sont les mêmes que dans l'espèce. Antennes brunes , le premier article rougeâtre , surtout à sa base. Tête , corselet et élytres comme dans l'espèce ; les bords latéraux de celles-ci d'un brun rougeâtre , plus prononcé du milieu vers l'extrémité. Dessous du corps brun ; le dernier article de l'abdomen rougeâtre. Celui du mâle a, dans le milieu, une ligne peu élevée, et, de chaque côté de celle-ci, un enfoncement assez large et pointillé. Cuisses d'un brun noirâtre. Jambes et tarses d'un rouge ferrugineux.

30. *Feronia parallela.* Long. 6 1/2 , 8 1/4. Larg. 2 1/4 , 3 lig.

Dej., t. 3, p. 386. Id. Icon., t. 3, p. 121, pl. 149 , fig. 3.

D'un noir assez luisant. Palpes d'un brun ferrugineux. Antennes d'un brun obscur ; les articles de la base noirs. Tête et corselet lisses ; celui-ci plus large que long, un peu plus étroit postérieurement ; deux impressions presque lisses sur chaque côté de sa base. Elytres marquées de stries légèrement ponctuées. Le septième intervalle a, vers sa base, un petit pli élevé qui touche l'angle huméral. Pates noires, ou d'un noir brun. Les tarses d'un brun roussâtre ou rougeâtre.

10ᵉ DIVISION. *Molops.* Dej. 1ᵉʳ catalogue.

Aptères. Corps court. Corselet cordiforme ou presque carré. Antennes presque moniliformes. Dernier article des palpes presque cylindrique.

31. *Feronia elata.* Long. 6 1/4, 7 3/4 lig. Larg. 2 1/2, 3 1/4 lig.

Fabr. t. 1, p. 189. Dej. t. 3, p. 414. Id. Icon., t. 3, p. 189, pl. 154, fig. 1.

D'un noir luisant. Palpes d'un brun rougeâtre. Labre et antennes bruns ; les premiers articles de celles-ci d'un brun noir. Tête et corselet lisses : celui-ci court, plus étroit postérieurement ; ses angles postérieurs formant une petite dent ; deux impressions longitudinales, lisses sur chaque côté de sa base. Élytres marquées de stries lisses ; aucuns points enfoncés sur les intervalles entre celles-ci. Corps noir. Cuisses et jambes d'un brun noirâtre. Tarse d'un brun roussâtre.

32. *Feronia terricola.* Long. 5, 6 3/4 lig. Larg. 2, 2 3/4 lig.

Fabr., t. 1, p. 178. Dej., t. 3, p. 416. Id. Icon., t. 3, p. 192, pl. 154, fig. 4.

Noir ou d'un noir brun. Palpes d'un brun rougeâtre. Labre noir ou d'un brun roux. Antennes brunes. Tête et corselet lisses. Ce dernier plus étroit postérieurement : deux impressions lisses sur chaque côté de sa base, l'extérieure plus courte, souvent peu apparente. Élytres ovales, un peu convexes, marquées de stries lisses ou légèrement ponctuées, quelquefois peu marquées. Dessous du corps d'un noir brun ou roussâtre. Pates d'un brun roussâtre ou d'un rouge ferrugineux. Dernier anneau de l'abdomen lisse dans les deux sexes.

TRENTIÈME GENRE. — *Cephalotes.* Dej. *Carabus.* Fabr. *Scarites.* Oliv. *Harpalus.* Latr.

Les trois premiers articles des tarses antérieurs du mâle dilatés, fortement cordiformes. Dernier article des palpes labiaux allongé et légèrement sécuriforme. Corselet cordiforme, fortement rétréci postérieurement. Labre en carré moins long que large, entier ou légèrement échancré. Mandibules larges et peu avancées. Crochet des tarses non dentelés en dessous.

1. *Cephalotes vulgaris.* Long. 8 1/2 , 10 lig. Larg. 2 3/4 , 3 1/3 lig.

Fabr., t. 1, p. 187. Oliv., 36, n° 6. Lat., t. 8, p. 370. Dej., t. 3, p. 428. Id. Icon., t. 3, p. 203, pl. 155 , fig. 3.

Noir. Palpes d'un brun noirâtre, l'extrémité des articles roussâtre. Labre d'un brun plus ou moins noirâtre. Antennes brunes, les articles de la base noirs. Tête presque aussi large que le corselet , assez fortement ponctuée , surtout postérieurement. Corselet aussi long que large, beaucoup plus étroit postérieurement , legèrement convexe ; des points enfoncés sur les bords antérieur et postérieur, plus nombreux et plus pressés sur ce dernier. Point d'impressions sur les côtés de la base. Ecusson court , triangulaire. Elytres allongées, sans rebords à leur base , légèrement marquées de lignes de points enfoncés. Dessous du corps et pates noirs.

On le trouve sous les pierres.

Trente-unième genre. — *Stomis.* Dej. *Harpalus.* Latr.

Les trois premiers articles des tarses antérieurs du mâle aussi long que larges, légèrement triangulaires ou cordiformes. Dernier article des palpes labiaux légèrement sécuriforme. Corselet allongé , légèrement cordiforme. Labre court , échancré en arc de cercle. Mandibules étroites , très-saillantes. Crochets des tarses non dentelés en dessous.

1. *Stomis pumicatus.* Long. 3, 3 1/2 lignes. Larg. 1 , 1 1/2 lignes.

Latr., t. 8, p. 338. Dej. , t. 3 , p. 435. Id. Icon., t. 3 , p. 207, pl. 156 , fig. 1.

Noirâtre. Mandibules et labre d'un brun plus ou moins roussâtre. Pates, antennes et palpes d'un rouge ferrugineux ou un peu jaune. Labre court. Tête et corselet lisses. Ce dernier plus étroit, postérieurement arrondi sur les côtés ; une impression allongée sur chaque côté de sa base , un sillon longitudinal dans le milieu. Elytres convexes, allongées , marquées de stries ponctuées.

On le trouve sous les pierres, et dans les lieux humides.

Trente-deuxième genre. — *Zabrus*. Dej. *Carabus.* Fabr., Oliv. *Harpalus*. Latr.

Dernier article des palpes presque cylindrique, tronqué à l'extrémité. Labre légèrement échancré en devant. Mandibules peu avancées, presque obtuses. Corps court, épais, convexe. Élytres convexes, arrondies. Les trois premiers articles des tarses antérieurs du mâle dilatés, fortement cordiformes. Crochets des tarses non dentelés en dessous.

Un sillon longitudinal dans le milieu du corselet ; une impression sur chaque côté de sa base.

1. *Zabrus curtus.* Long. 5, 6 lig. Larg. 2 1/3, 3 lig.

Dej., t. 3, p. 445. Id. Icon., t. 3, p. 223, pl. 157, fig. 5.

D'un noir luisant dans le mâle, plus terne dans la femelle. Antennes et labre d'un brun plus ou moins roussâtre. Pates de cette couleur, mais moins foncée. Tête lisse. Corselet court, moins long que large, arrondi sur les côtés, ponctué sur tous ses bords, plus fortement sur sa base ; un enfoncement souvent peu distinct, sur chaque côté de celle-ci. Écusson court, large et lisse. Élytres convexes, marquées de stries légèrement ponctuées. Dessous du corps et pates plus ou moins bruns, quelquefois roussâtre ; tarses d'un brun rougeâtre.

Trouvé dans les bois de Lezoux.

Zabrus gibbus. Long. 6, 6 1/2 lig. Larg. 2 1/3, 3 lig.

Fabr., t. 1, p. 189. Oliv. 35, n° 73. Latr., t. 8, p. 367. Dej., t. 5, p. 453. Id. Icon., t. 3, p. 234, pl. 159, fig. 4.

Noir. Moins convexe et plus allongé que le précédent. Palpes, antennes et labre d'un brun roussâtre. Tête lisse. Corselet pointillé sur tous ses bords, plus fortement sur sa base, qui a sur chacun de ses côtés une large impression peu profonde et ponctuée. Écusson lisse, triangulaire. Élytres convexes, marquées de stries assez fortement pointillées. Dessous du corps et cuisses d'un noir plus ou moins brun. Jambes et tarses d'un brun plus ou moins roussâtre.

On le trouve dans les champs et sous les pierres.

TRENTE-TROISIÈME GENRE. — *Amara*. Dej. *Carabus*. Fabr., Oliv. *Harpalus*. Latr.

Dernier article des palpes allongé, légèrement ovalaire, tronqué à l'extrémité. Labre coupé droit ou à peine échancré. Mandibules courtes, peu aiguës. Corselet transversal, trapézoïde, quelquefois presque carré ou cordiforme. Les trois premiers articles des tarses antérieurs du mâle dilatés, fortement cordiformes. Crochets des tarses non dentelés en dessous. Un sillon longitudinal dans le milieu du corselet. Deux impressions plus ou moins distinctes sur chaque côté du corselet.

Ces insectes se trouvent sous les pierres ou courant dans les champs.

1. *Amara eurynota*. Long. 4, 5 1/2 lig. Larg. 2, 2 3/4 lignes.

Dej., t. 3, p. 458. Id. Icon., t. 3, p. 239, pl. 160, fig. 1.

D'un vert bronzé, ou obscur, ou cuivreux, quelquefois tout à fait noir. Palpes et labre d'un brun noirâtre. Antennes noirâtres ou d'un brun noir; leurs trois premiers articles d'un roux jaunâtre. Tête lisse ou très-légèrement ridée. Corselet lisse, trapézoïde, beaucoup plus étroit antérieurement, à peine rebordé. Elytres larges, marquées de stries lisses ou à peine ponctuées. Dessous du corps d'un noir plus ou moins bronzé ou verdâtre, quelquefois d'un brun roussâtre. Pates noires, ou de la couleur du corps.

2. *Amara obsoleta*. Long., 3 1/3, 4 1/4 lig. Larg. 1 3/4, 2 lig.

Dej., t. 3, p. 460. Id. Icon., t. 3, p. 241, pl. 160, fig. 2.

Elle ressemble beaucoup à la précédente, dont

elle ne me paraît être qu'une variété plus petite et proportionnellement plus étroite. Sa couleur est, en dessus, d'un bronzé obscur ou verdâtre, ou cuivreux, ou noirâtre. Le sillon du corselet est court. Les stries des élytres sont plus profondes sur l'extrémité que vers la base. Pates noires.

3. *Amara similata*. Long. 3 1/2, 4 lig. Larg., 1 1/2, 2 lignes.

Dej., t. 3, p. 461. Id. Icon., t. 3, p. 243, pl. 160, fig. 2.

Cette espèce et les cinq suivantes ont entre elles et la précédente de très-grands rapports, et me paraissent, comme cette dernière, n'être que des variétés les unes des autres. Elle est en dessus d'un bronzé plus ou moins brillant, quelquefois un peu verdâtre ou un peu cuivreux, ou d'un blanc noirâtre; quelquefois tout à fait noire. Antennes d'un brun obscur; leurs trois premiers articles rougeâtres. Tête et corselet lisses. Deux impressions sur chaque côté de la base de celui-ci; l'extérieur peu marqué. Les stries des élytres plus profondes sur l'extrémité que vers la base. Dessous du corps un peu bronzé ou verdâtre. Cuisses noires. Jambes et tarses d'un brun plus ou moins roussâtre.

4. *Amara vulgaris*. Long. 3 1/3, 3 3/4 lig. Larg. 1 1/2, 1 3/4 lig.

Fabr., t. 1, p. 195. Dej., t. 3, p. 463. Id. Icon., t. 3, p. 245, pl. 160, fig. 5.

Couleurs de la précédente. Antennes d'un brun noirâtre, leur premier article d'un rouge presque ferrugineux. Les deux impressions de la base du corselet toujours distinctes. Élytres striées comme dans les deux précédentes. Pates entièrement noires ou d'un brun noirâtre.

5. *Amara trivialis*. Long. 3, 3 3/4 lig. Larg. 1 1/2, 1 3/4 lignes.

Oliv. 35, *Car. vulgaris*, n° 98. Latr., t. 8, p. 364. Dej., t. 3, p. 464. Id. Icon., t. 3, p. 246, pl. 161, fig. 6.

Couleur des précédentes. Antennes d'un brun obscur; leurs trois premiers articles d'un jaune ferrugineux ou roussâtre. Une seule impression apparente sur chaque côté du corselet. Élytres marquées de stries lisses. Dessous du corps d'un noir plus ou moins verdâtre, bronzé. Cuisses noires. Jambes d'un brun plus ou moins roussâtre. Tarses d'un brun noirâtre.

6. *Amara communis.* Long. 2 1/2, 3 1/2 lig. Larg. 1 1/3, 1 3/4 lig.

Dej., t. 3, p. 257. Id. Icon., t. 3, p. 250, pl. 161, fig. 3.

Couleur des précédentes. Antennes d'un noir obscur; leurs trois premiers articles rougeâtres. Les deux impressions sur chaque côté de la base du corselet peu distinctes ou nulles. Stries des élytres plus profondes sur l'extrémité que vers la base. Dessous du corps d'un noirâtre bronzé ou verdâtre. Cuisses noirâtres. Jambes d'un brun plus ou moins roussâtre.

7. *Amara familiaris.* Long. 2 1/2, 3 1/2 lig. Larg. 1 1/4, 1 1/2 lig.

Dej., t. 3, p. 469. Id. Icon., t. 3, p. 254, pl. 160, fig. 6.

Couleur des précédentes. Antennes d'un noir obscur. Les trois premiers articles des antennes d'un roux testacé. Les deux impressions de la base du corselet presque toujours distinctes. Les stries des élytres comme dans les précédentes. Pates entièrement rougeâtres.

8. *Amara plebeja.* Long. 2 1/4, 3 1/2 lig. Larg. 1 1/3, 1 2/3 lig.

Dej., t. 3. p. 467. Id. Icon., t. 3, p. 249, pl. 161, fig. 2.

Couleur des précédentes. Antennes d'un brun obscur; leurs trois premiers articles d'un jaune ferrugineux. Jambes d'un jaune testacé.

9. *Amara bifrons.* Long. 2 1/4, 3 lig. Larg. 1, 1 1/2 lig.

Dej., t. 8, p. 485. Id. Icon., t. 3, p. 269, pl. 164, fig. 1.

D'un brun roussâtre, un peu bronzé, quelquefois obscur. Palpes et antennes d'un roux jaunâtre pâle ; mandibules plus foncées, leur extrémité brune. Tête lisse. Corselet à peine rebordé, lisse ; les impressions de sa base et celle-ci ponctuées. Elytres marquées de stries à peine ponctuées ; les bords extérieurs, depuis à peu près le milieu jusqu'à la suture, sont d'un brun roussâtre, ainsi que le dessous du corps. Pates d'un jaune testacé plus pâle sur les cuisses.

10. *Amara montana ?* Long. 3, 3 1/2 lig. Larg. 1 1/3, 1 3/4 lig.

Dej., t. 3, p. 487. Id. Icon., t. 3, p. 272, pl. 164, fig. 3.

Cette espèce, si les individus que je possède sont véritablement l'*amara montana*, Dej., ne me paraît être qu'une variété de la précédente, proportionnellement un peu plus grande et plus large ; les couleurs sont à peu près les mêmes ; les élytres sont plus fortement ponctuées. Le dessous du corps est d'un brun plus ou moins roussâtre. Dessous des bords latéraux des élytres d'un roux jaunâtre.

J'ai trouvé cette espèce et la précédente sur les Monts-d'Or.

11. *Amara eximia.* Long. 3, 3 1/2 lig. Larg. 1 1/3, 1 3/4 lig.

Dej., t. 3, p. 494. Id. Icon., p. 281, pl. 165, fig. 5.

D'un brun noirâtre, obscur en dessus, rougeâtre en dessous. Labre d'un brun roussâtre. Antennes et palpes rougeâtres. Tête et corselet lisses ; la base de celui-ci est fortement ponctuée ; deux impressions sur chacun de ses côtés, l'intérieure allongée, l'extérieure arrondie, peu profonde ou peu apparente. Elytres marquées de stries plus ou moins ponctuées. Pates rougeâtres ou d'un rouge ferrugineux.

12. *Amara ingenua.* Long. 3 1/2, 4 2/3 lig. Larg. 1 3/4, 2 1/3 lig.

Dej., t. 3, p. 498. Id. Icon., t. 3, p. 286, pl. 166, fig. 1.

D'un bronzé obscur ou brunâtre en dessus. Labre d'un brun roussâtre. Palpes d'un jaune roussâtre, avec une tache noire sur le premier article. Antennes d'un jaune roussâtre obscur, plus clair sur les articles de la base. Corselet un peu rétréci antérieurement, deux impressions pointillées sur chacun des côtés de sa base. Elytres marquées de stries peu profondes et ponctuées, le bord postérieur légèrement roussâtre. Dessous du corps brun. Pates rougeâtres.

Je l'ai trouvé sur les monts Dores.

13. *Amara consularis.* Long. 3 1/4, 4 1/4 lig. Larg. 1 1/2, 2 lig.

Fabr. *Car. la'us*, t. 1, p. 196. Latr. *Harpalus apricarius.* Var., t. 8, p. 345. Dej., t. 3, p. 500. Id. Icon., t. 3, p. 290, pl. 167, fig. 1.

D'un noir brun en dessus, d'un brun roussâtre ou rougeâtre en dessous. Pates, antennes et palpes d'un rouge ferrugineux. Corselet presque carré, un peu rétréci en devant ; deux impressions ponctuées sur chaque côté de sa base. Elytres marquées de stries ponctuées et de quelques points enfoncés plus gros près du bord extérieur, vers la base et l'extrémité. Pates d'un rouge ferrugineux.

14. *Amara patricia.* Long. 5 1/2, 5 lig. Larg. 1 1/2, 2 2/3 lignes.

Dej., t. 3, p. 502. Id. Icon., t. 3, p. 298, pl. 167, fig. 3.

Cette espèce me paraît peu distincte de la précédente et n'en être qu'une variété. Elle est en dessus d'un brun noirâtre ou tout à fait noir, d'un brun plus ou moins roussâtre en dessous. Labre d'un brun roussâtre. Palpes et antennes d'un rouge ferrugineux. Corselet plus étroit en devant ; deux impressions ponctuées sur chaque côté de sa base. Les élytres et leur ponctuation comme dans la précédente ; le bord postérieur est roussâtre. Pates d'un rouge ferrugineux.

15. *Amara apricaria.* Long. 2 3/4, 3 1/2 lig. Larg. 1 1/2, 1 3/4 lig.

Fabr., t. 1, p. 205. Dej., t. 3, p. 506. Id. Icon., t. 3, p. 298, pl. 168, fig. 5.

D'un noir brun, un peu bronzé. Labre d'un brun roussâtre. Palpes et antennes d'un rouge ferrugineux. Corselet presque carré, un peu plus étroit en devant, fortement ponctué sur sa base seulement; deux impressions presque égales sur chaque côté de celle-ci. Elytres plus larges que le corselet, marquées de stries ponctuées et d'une ligne de points enfoncés, interrompue dans le milieu, près du bord extérieur. Pates d'un rouge ferrugineux.

16. *Amara crenata.* Long. 3 1/4, 3 2/3 lig. Larg. 1 1/2, 1 1/3 lig.

Dej., t. 3, p. 507. Id. Icon., t. 3, p. 300, pl. 168, fig. 4.

D'un brun noirâtre en dessus, d'un brun roussâtre en dessous. Pates, antennes et palpes d'un rouge ferrugineux. Tête et corselet lisses; deux impressions assez larges, et ponctuées sur chacun des côtés de la base de ce dernier. Elytres marquées de stries fortement ponctuées. La ligne des points enfoncés près du bord extérieur, comme dans la précédente. Pates rougeâtres.

17. *Amara fulva.* Long. 3 1/2, 4 1/2 lig. Larg. 1 2/3, 2 lignes.

Oliv., 35, *Car. Concolor*, n° 106. Latr., t. 8, p. 344. Dej., t. 3, p. 511. Id. Icon., t. 3, p. 303, pl. 169, fig. 2.

Entièrement d'un jaune ferrugineux ou rougeâtre. Mandibules noirâtres à l'extrémité. Tête et corselet lisses; ce dernier plus étroit postérieurement; deux impressions ponctuées sur chaque côté de sa base. Elytres plus pâles que le corselet, marquées de stries ponctuées et d'une ligne de points enfoncés, plus gros, interrompue dans le milieu, près du bord extérieur.

18. *Amara aulica.* Long. 5 1/4, 6 lig. Larg. 2 1/4, 2 1/2 lignes.

Fabr. *Carab. piceus*, t. 1, p. 28. Oliv. 37, n° 74. Dej., t. 3, p. 515. Id. Icon., t. 3, p. 308, pl. 170, fig. 1.

D'un brun noirâtre. Antennes et palpes d'un rouge ferrugineux. Labre d'un brun roussâtre. Tête lisse. Corselet plus étroit postérieurement, ponctué sur ses bords antérieur et postérieur ; deux impressions sur chaque côté de sa base. Élytres marquées de stries ponctuées. Pates d'un rouge ferrugineux.

3e SECTION. — *Harpaliens.* Dej.

Les quatre premiers articles des tarses antérieurs, et aussi dans le plus grand nombre des tarses intermédiaires, dilatés dans les mâles. Jambes antérieures fortement échancrées au côté interne. Élytres entières ou sinuées vers l'extrémité. Palpes non subulés. Les insectes de cette section ont été répartis par M. le général Dejean dans vingt-sept genres, composés en très-grande partie d'espèces exotiques. Celles qui se trouvent dans notre localité entrent dans cinq de ces genres. J'ai réduit ce nombre à quatre, réunissant les *sténolophes* aux *harpales*. La différence principale au moyen de laquelle on les a séparés, consiste dans la forme du quatrième article des quatre tarses antérieurs des mâles, *fortement bilobé* dans les sténolophes, fortement cordiforme ou *légèrement bilobé* dans les harpales.

Les harpaliens ont :

Le dernier article des palpes plus ou moins ovalaire, tronqué à l'extrémité. I.
Le dernier article des palpes pointu à l'extrémité. . . . 37° g^{re}. *Acupalpus.*

I
{
La tête plus ou moins arrondie, rétrécie postérieurement. II.

La tête grosse, presque carrée, presque renflée pos-
térieurement. . . . . . . 34ᵉ gʳᵉ. *Acinopus.*
}

{
Le premier article des quatre
tarses antérieurs des mâles
plus petit ; les second et
troisième des tarses antérieurs moins longs que larges, fortement dilatés ; le
quatrième presque cordi-
forme. . . . . 35ᵉ gʳᵉ *Anisodactylus.*
}

{
Les quatre premiers articles
des quatre tarses antérieurs
des mâles à peu près égaux,
très - fortement dilatés ,
triangulaires ou cordifor-
mes. . . . . 36ᵉ gʳᵉ *Harpalus.*
}

TRENTE-QUATRIÈME GENRE. — *Acinopus.* Dej. *Carabus.*
Fabr. *Scarites.* Oliv. *Harpalus.* Latr.

Les quatre premiers articles des tarses antérieurs des
mâles, fortement dilatés, moins longs que larges ; les
trois premiers triangulaires ; le quatrième cordiforme.
Tête grosse, presque carrée, presque renflée postérieurement. Dernier article des palpes assez allongé,
presque ovalaire, tronqué à l'extrémité. Un sillon longitudinal sur le milieu du corselet.

1. *Acinopus megacephalus.* Long. 5 1/2, 7 1/2 lig. Larg.
2 3/4 lig.

Oliv. 36, nᵒ 13. Latr., t. 8, p. 368. Dej., t. 4,
p. 33. Id. Icon., t. 5, p. 32, pl. 174, fig. 1.

D'un noir luisant en dessus, presque brun en
dessous. Labre, palpes, antennes et pates d'un
brun roussâtre. Tête lisse. Corselet presque carré.
Élytres marquées de stries lisses et d'un point
enfoncé sur le troisième intervalle, vers la suture,

au dessous du milieu. Jambes noires. Tarses d'un
brun ferrugineux.

Se trouve sous les pierres.

TRENTE-CINQUIÈME GENRE. — *Anisodactylus*. Dej. *Carabus*. Fabr. *Harpalus*. Latr.

Le premier article des quatre tarses antérieurs des mâles plus petit, les deuxième et troisième de leurs tarses
antérieurs fortement dilatés, moins longs que larges ; le
quatrième fortement cordiforme et presque bilobé. Dernier article des palpes extérieurs assez allongé, presque ovalaire et tronqué à l'extrémité. Tête rétrécie
postérieurement. Un sillon longitudinal dans le milieu
du corselet, une impression sur chacun de ses côtés.

Ces insectes se trouvent dans les champs, sous les
pierres.

1. *Anisodactylus signatus*. Long. 5 1/4, 5 3/4 lig. Larg.
2 1/4, 2 2/3 lig.

Latr., t. 3, p. 361. Dej., t, 4, p. 138. Id. Icon.,
t. 4, p. 60, pl. 176, fig. 4.

D'un noir luisant en dessus, uu peu bronzé sur
les élytres. Tête ponctuée, marquée de deux taches réunies, rougeâtres, plus ou moins distinctes.
Labre brun. Palpes d'un brun roux, plus clair à
l'extrémité. Antennes brunes. Corselet ponctué,
au moins postérieurement ; une impression sur
chaque côté de sa base. Elytres marquées de stries
lisses ; leur bord inférieur d'un brun roussâtre.
Dessous du corps, cuisses et jambes noirs. Tarses
et épines des jambes d'un brun noirâtre.

2. *Anisodactylus binotatus*. Long. 4 3/4, 5 1/4 lig. Larg.
1 3/4, 2 lignes.

Fabr., t. 1, p. 193. Latr., t. 8, p. 558. Dej., t.
4, p. 140. Id. Icon., t. 4, p. 74, pl. 177, fig. 2.

Noir. Palpes d'un brun roussâtre ; leur extrémité plus claire. Antennes brunes, leur premier
article, et souvent une partie du second, roussâtre.
Tête lisse, marquée de deux points rouges peu
apparents. et qui, assez souvent, manquent tout
a fait. Corselet presque carré, lisse, plus étroit

postérieurement ; une impression assez large sur chaque côté de sa base. Elytres marquées de stries lisses, de quelques points enfoncés sur l'extrémité de la septième, et d'une ligne de points plus distincts, près du bord extérieur. Pates et dessous du corps noirs. Les épines des jambes et les tarses roussâtres.

3. *Anisodactylus spurcaticornis.* Long. 4 3/4, 5 1/4 lig. Larg. 1 3/4, 2 lignes.

Dej., t. 4, p. 142. Id. Icon., t. 4, p. 73, pl. 177, fig. 3.

Je crois, ainsi que M. Dejean, que cette espèce n'est pas assez distincte de la précédente, dont elle ne diffère que par la couleur d'un rouge ferrugineux des pates et des trochanters.

4. *Anisodactylus gilvipes.* Long. 3 1/2, 4 1/2 lig. Larg. 1 1/3, 1 3/4 lig.

Dej., t. 4, p. 143. Id. Icon., t. 4, p. 177, pl. 177, fig. 4.

D'un noir luisant. Pates, palpes et le premier article des antennes d'un rouge jaunâtre. Tête lisse. Corselet rétréci postérieurement, lisse dans le milieu, pointillé sur ses bords antérieur et postérieur. Elytres fortement sinuées vers l'extrémité, marquées de stries lisses.

Trente-sixième genre. — *Harpalus.* Dej. Latr. *Carabus.* Fabr. Oliv.

Les quatre premiers articles des quatre tarses antérieurs des mâles dilatés, moins longs que larges, triangulaires ou cordiformes. Dernier article des palpes presque cylindrique, tronqué à l'extrémité. Tête rétrécie postérieurement. Corselet cordiforme ou trapézoïde. Antennes filiformes ; leur premier article plus gros, presque aussi long que les deux suivants réunis ; le second plus court que les autres, le troisième plus long que le suivant. Jambes échancrées au côté interne. Le quatrième article des tarses cordiforme, presque bilobé.

Aphonus. Dej. 1ᵉʳ catalogue. Corps entièrement
pointillé.

1. *Harpalus columbinus*. Long. 5 1/2, 8 lig. Larg. 2,
3 1/4 lig.

Dej., t. 4, p. 193. Id. Icon., t. 4, p. 91, pl.
179, fig. 1.

Dessus du corps d'un brun noirâtre, souvent
bleuâtre sur la tête, et le corselet bleu, légèrement couvert de petits poils roussâtres. Labre
d'un brun rougeâtre. Palpes et antennes d'un
rouge ferrugineux. Corselet rétréci postérieurement. Elytres d'un bleu violet, striées; un rang
de points enfoncés, distincts, sur le bord extérieur. Dessous du corps d'un brun rougeâtre. Antennes et pates d'un rouge ferrugineux.

Tous les insectes du genre *harpalus* se trouvent
dans les champs et sous les pierres.

2. *Harpalus sabulicola*. Long. 5, 6 1/3 lig. Larg. 2 1/4,
2 1/2 lig.

Oliv. 35. *Carab. azureus*, n° 99. Dej., t. 4, p.
195. Id. Icon., t. 4, p. 93, pl. 179, fig. 2.

Je crois qu'il n'est qu'une variété plus petite du
précédent. Les couleurs sont presque les mêmes,
si ce n'est la teinte bleuâtre de la tête et du corselet
qui ne se voit pas dans le *sabulicola*. Les élytres
sont d'un vert bleuâtre. Les stries, leur ponctuation, la couleur du dessous du corps et des pates
sont les mêmes.

3. *Harpalus oblongiusculus*. Long. 5 1/4, 5 3/4 lig. Larg.
2 1/4, 2 1/2 lig.

Dej., t. 4, p. 195. Id. Icon., t 4, p. 98, pl. 180,
fig. 2.

D'un brun obscur et légèrement pubescent en
dessus; d'un brun rougeâtre en dessous. Labre
d'un brun roussâtre. Pates, antennes et palpes
d'un rouge ferrugineux. Une légère impression de
chaque côté de la base du corselet. Elytres striées
et ponctuées comme dans les espèces précédentes;
leur bord inférieur est d'un brun rougeâtre.

4. *Harpalus punctulatus ? harpalus arvensis.* B. L. Long. 4 1/2 lig. Larg. 1 3/4 lig.

Dej., t. 4, p. 202. Id. Icon., t. 4, p. 132, pl. 180, fig. 5.

Je ne considère l'espèce que j'ai trouvée que comme une variété du *punctulatus.* Il lui ressemble pour la forme, les dimensions et la ponctuation. Il est légèrement pubescent, d'un noir légèrement bleuâtre sur la tête et le corselet. Labre d'un brun roussâtre. Antennes et palpes d'un rouge ferrugineux un peu jaunâtre, ainsi que les pates. Elytres d'un vert un peu obscur, striées, à peine sinuées vers l'extrémité.

5. *Harpalus chlorophanus.* Long. 2 1/4 lig. Larg. 3 1/2 lignes.

Fabr. *Cur. Sabulicola*, t. 1, p. 190. Latr., t. 8, p. 348. Dej., t. 4, p. 205. Id. Icon., t. 4, p. 106, pl. 116, fig. 3.

D'un vert bronzé, quelquefois bleuâtre sur la tête et le corselet; plus clair sur les elytres. Labre d'un brun rougeâtre. Palpes, antennes et pates d'un rouge ferrugineux. Elytres à peine sinuées vers l'extrémité, marquées de stries peu profondes. Dessous du corps d'un brun rougeâtre.

Var.? *Harpalus azureus.* Dej., t. 4, p. 207. Id. Icon., t. 4, p. 107, pl. 181, fig. 4. Long. 3, 3 1/2 lig. Larg. 1, 1 1/2 lig.

Elle ne diffère de l'espèce que par la couleur d'un bleu violet du dessus du corps.

6. *Harpalus subcordatus.* Long. 3, 4 lig. Larg. 1, 1 1/2 lignes.

Dej., t. 4, p. 216. Id. Icon., t. 4, p. 116, pl. 183, fig. 1.

Allongé, oblong. Dessous du corps d'un rouge brun ou ferrugineux. Pates, antennes et palpes d'un roux jaunâtre ou testacé. Labre, tête et corselet d'un brun roussâtre; d'ailleurs il ressemble beaucoup à l'espèce suivante (*harp. puncticollis*), dont il ne me paraît être qu'une variété plus étroite et d'une couleur plus claire.

7

7. *Harpalus puncticollis.* Long. 2 1/2 , 4 1/4 lig. Larg. 1, 1 3/4 lig.

Dej., t. 4, p. 216. Id. Icon., t. 4, p. 117, pl. 183, fig. 2.

D'un noir brun, quelquefois verdâtre sur la tête et le corselet. Tête un peu rétrécie postérieurement. Labre d'un brun rougeâtre. Palpes et antennes d'un rouge jaunâtre. Élytres à peine sinuées vers leur extrémité, stries assez fortement ponctuées. Dessous du corps et pates d'un rouge jaunâtre.

8. *Harpalus brevicollis.* Long. 2, 2 2/3 lig. Larg. 1, 1 2/3 lig.

Dej., t. 4, p. 218. Id. Icon., t. 4, p. 119, pl. 183, fig. 3.

Cette espèce, à peine distincte de la précédente, ne me paraît en être qu'une légère variété. La forme, les couleurs, la ponctuation et les stries des élytres, ne présentent aucune différence sensible. Le corselet est proportionnellement plus court.

9. *Harpalus fuscipennis.* B. L. long. 4 1/3 lig. Larg. 2 lig.

Un peu plus large proportionnellement que les précédentes. Dessous du corps et pates d'un rouge jaunâtre. Palpes, antennes, labre, tête et corselet d'un rouge ferrugineux ; les yeux noirs. Corselet presque carré, couvert de petits points enfoncés ; ses bords latéraux arrondis. Écusson et bords extérieurs des élytres d'un rouge ferrugineux. Élytres brunes, légèrement pointillées, à peine sinuées vers leur extrémité, marquées de stries peu profondes.

10. *Harpalus maculicornis.* Long. 2 1/2 , 3 lig. Larg. 1, 1 3/4 lig.

Dej., t. 4, p. 221. Id. Icon., t. 4, p. 122, pl. 183, fig. 6.

D'un brun noirâtre en dessus, plus noir en dessous. Pates et palpes d'une couleur testacée, plus ou moins pâle ou rougeâtre. Les deux ou trois

(99)

premiers articles des antennes de cette couleur,
les autres d'un brun plus ou moins roussâtre. Corselet assez fortement ponctué, faiblement rétréci
postérieurement; une impression plus fortement
ponctuée sur chaque côté de sa base. Ecusson
lisse. Elytres sinuées vers l'extrémité, stries marquées de quelques points enfoncés sur les troisième, cinquième et septième intervalles, à partir
de la suture.

11. *Harpalus signaticornis.* Long. 2 2/3, 3 lig. Larg. 1
1/4, 1 1/3 lig.

Dej., t. 4, p. 222. Id. Icon., t. 4, p. 124,
pl. 184, fig. 1. Id. *Ophonus nigricans.* 1er catalogue.

D'un noir plus foncé que le précédent. Palpes
d'un jaune testacé, la base de leurs articles brune.
Les deux premiers articles des antennes d'un jaune
testacé, les autres d'un rouge testacé, un peu jaunâtre, avec une teinte obscure sur les troisième et
quatrième articles. Tête lisse. Corselet presque
lisse dans le milieu. Le sillon longitudinal court,
les côtés de la base plus fortement ponctués. Elytres marquées de stries peu enfoncées, et d'une
ligne de points enfoncés assez gros, interrompue
dans le milieu, près du bord extérieur. Dessous
du corps et cuisses d'un brun noir. Jambes et
tarses d'un rouge ferrugineux; l'extrémité des
jambes noirâtre.

12. *Harpalus mendax.* Long. 3, 3 1/2 lig. Larg. 1 1/4,
1 1/2 lig.

Dej., t. 4, p. 229. Id. Icon., t. 4, p. 128, pl. 184,
fig. 4. Id. *Ophonus fulvipennis.* 1er catalogue.

D'un noir assez luisant. Pates, antennes et
bord du labre d'un roux testacé; élytres plus obscures. Tête à peine ponctuée, corselet large, ses
angles arrondis, pointillé plus fortement sur sa
base. Elytres obliquement sinuées vers l'extrémité, marquées de stries lisses, peu profondes,
et de quelques points enfoncés auprès du bord
extérieur, près de la base, et sur l'extrémité.

13. *Harpalus germanus.* Long. 3 3/4, 4 lig. Larg. 1 1/2,
1 3/4 lig.

Oliv. 35, n° 139. Fabr., t. 1, p. 204. Latr., t. 8,
p. 349. Dej., t. 4, p. 230. Id. Icon., t. 4, p. 130,
pl. 184, fig. 5.

Légèrement pubescent. D'un noir bleuâtre en
dessous. Corselet et une tache cordiforme, commune aux deux élytres vers leur extrémité, bleues.
Pates, palpes, labre, antennes, et tête d'un rouge
ferrugineux un peu jaunâtre. Tête pointillée. Corselet large, rétréci postérieurement; les angles
postérieurs bien marqués, une impression allongée
sur chaque côté de sa base. Ecusson large et d'un
brun obscur. Elytres très-finement pointillées,
striées, d'un roux jaunâtre.

14. *Harpalus dorsalis!* Long. 3 1/4 lig. Larg. 1 1/3 lig.

Dej., t. 4, p. 233. Id. Icon., t. 4, p. 133, pl.
185, fig. 1.

Il paraît différer un peu de l'*harp. dorsalis.* Dej.
Il est d'un roux testacé. Palpes et antennes rougeâtres. Les yeux noirs. Corselet large, court,
rétréci postérieurement, arrondi sur les côtés,
presque lisse dans le milieu. Elytres faiblement
ponctuées, striées, marquées, au-dessous du milieu, près de la suture, d'une tache obscure assez
grande, peu apparente, s'arrêtant au-dessus de
l'extrémité. Dessous du corps quelquefois d'un
brun roussâtre.

Harpalus. Dej. 1er catalogue. Corps non entièrement pointillé.

15. *Harpalus ruficornis.* Long. 6, 7 lig. Larg. 2 1/2, 2
3/4 lig.

Fabr., t. 1, p. 180. Oliv. 35, n° 67. Latr., t. 8,
p. 348. Dej., t. 4, p. 249. Id. Icon., t. 4, p. 142,
pl. 186, fig. 3.

D'un noir brun. Pates, antennes et palpes
d'un rouge ferrugineux. Tête lisse. Corselet pointillé sur ses bords, plus fortement et presque ru_
gueux sur sa base. Elytres finement pointillées,

striées, couvertes d'un duvet soyeux, presque doré. Le dessous du corps est quelquefois d'un brun roussâtre.

16. *Harpalus girseus.* Long. 3 3/4, 5 1/4 lig. Larg. 1 1/2, 2 lignes.

Dej., t. 4, p. 251. Id. Icon., t. 4, p. 144, pl. 186, fig. 4.

Il ressemble beaucoup au précédent. Le labre et le dessous du corps sont d'un brun rougeâtre, plus ou moins foncé. Les palpes, les antennes et les pates sont d'un roux testacé plus ou moins foncé. Le reste comme dans le *ruficornis.*

17. *Harpalus æneus.* Long. 3 2/3, 5 lig. Larg. 1 1/2, 2 lig.

Fabr., t. 1, p. 197. Latr., t. 8, p. 351. Dej., t. 4, p. 269. Id. Icon., t. 4, p. 143, pl. 187, fig. 2.

Sa couleur, en dessus, est le plus souvent le vert bronzé plus ou moins brillant ; quelquefois d'un brun noirâtre, ou tout à fait noir. Palpes et antennes d'un rouge ferrugineux. Corselet presque carré, une impression peu profonde et plus ou moins fortement ponctuée sur chaque côté de sa base. Elytres fortement échancrées vers leur extrémité, et marquées de stries lisses. Dessous du corps noir ou d'un noir brun, quelquefois un peu verdâtre. Pates d'un rouge ferrugineux.

18. *Harpalus confusus.* Long. 4 1/2, 5 lig. Larg. 1 1/2, 2 lignes.

Dej., t. 4, p. 271. Id. Icon., t. 4, p. 150, pl. 187, fig. 3.

Il ne me paraît être qu'une variété du précédent. Les couleurs sont à peu près les mêmes, quelquefois d'un bleu violet. Palpes d'un rouge ferrugineux, leurs articles un peu obscurs à la base. Antennes noirâtres ou obscures, leur premier article ferrugineux. Corselet presque carré, avec une légère impression ponctuée sur chaque côté de sa base. Elytres marquées de stries lisses. Cuisses d'un noir brun. Jambes et tarses d'un brun roussâtre ou noirâtre.

19. *Harpalus distinguendus.* Long. 3 1/2 , 5 lig. Larg. 1 1/2 , 2 lig.

Dej., t. 4, p. 274. Id. Icon., t. 4, p. 153, pl. 187, fig. 6.

Sa couleur la plus générale est le vert bronzé, plus ou moins clair, plus ou moins obscur; quelquefois des diverses couleurs de l'*œneus.* Palpes d'un brun obscur, l'extrémité des articles plus ou moins rougeâtre. Antennes brunes, leur premier article d'un rouge ferrugineux. Corselet un peu rétréci postérieurement. Élytres striées vers l'extrémité, la ligne des bords extérieurs roussâtre. Dessous du corps d'un noir brun. Cuisses noires, jambes d'un brun roussâtre ou rougeâtre ; leur extrémité noirâtre, tarses bruns.

20. *Harpalus cupreus.* Long. 5, 5 3/4 lig. Larg. 2 , 2 1/2 lig.

Dej., t. 4, p. 281. Id. Icon., t. 4, p. 160, pl. 188, fig. 6.

Les individus que j'ai trouvés dans ce département sont d'un vert bronzé assez brillant. Palpes d'un brun noirâtre, l'extrémité de leurs articles rougeâtre. Antennes d'un brun roussâtre, le premier article ferrugineux. Base du corselet finement pointillée. Élytres marquées de stries lisses, peu enfoncées ; la ligne des bords extérieurs roussâtre. Dessous du corps d'un noir brun. Cuisses de cette couleur ou entièrement noires. Jambes et tarses d'un brun noirâtre, quelquefois d'un rouge ferrugineux.

21. *Harpalus honestus.* Long. 3, 4 1/2 lig. Larg. 1 1/4, 2 lignes.

Dej., t. 4, p. 299. Id. Icon., t. 4, p. 162, pl. 189, fig. 1.

Sa couleur est d'un vert bronzé, ou d'un bleu violet, ou tout à fait noire. Palpes et premier article des antennes d'un rouge ferrugineux, les au-

tres articles d'un brun plus ou moins roussâtre ou
obscur. Tête et corselet lisses. Une impression
sur chaque côté de la base de ce dernier plus ou
moins ponctuée, ainsi que l'intervalle entre elle
et le bord extérieur. Elytres marquées de stries
lisses, la ligne des bords extérieurs roussâtres,
l'extrémité légèrement sinuée. Dessous du corps
d'un noir plus ou moins foncé ou verdâtre. Cuisses
d'un brun noir. Jambes d'un brun roussâtre, tarses
d'un rouge ferrugineux plus ou moins obscur.

Var. *Harpalus confinis*. Dej. 1er catalogue. Elle
ne diffère de l'espèce que par sa couleur noire.
Les antennes et les tarses sont d'un rouge ferrugineux, les jambes brunes. Ces couleurs sont plus
ou moins foncées.

22. *Harpalus consentaneus*. Long. 3 1/2, 4 lig. Larg. 1
1/3, 1 2/3 lig.

Dej., t. 4, p. 302. Id. Icon., t. 4, p. 166, pl.
189, fig. 4.

Noir en dessus, noir ou d'un noir brun en dessous. Palpes et antennes d'un rouge ferrugineux.
Tête et corselet lisses. Ce dernier à peine plus
étroit postérieurement, très-légèrement ponctué
sur la partie inférieure de ses côtés. Une impression assez large et légèrement ponctuée sur chaque côté de sa base. Elytres marquées de stries
lisses. Cuisses d'un brun noir. Jambes et tarses
d'un rouge ferrugineux, l'extrémité des jambes
plus obscure.

23. *Harpalus pygmarus*. Long. 2 1/3, 3 1/3 lig.

Dej., t. 4, p. 303. Id. Icon., t. 4, p. 167, pl. 189,
fig. 5.

D'un brun noirâtre plus ou moins foncé. Palpes
et antennes d'un rouge ferrugineux. Corselet grand,
un peu rétréci postérieurement, pointillé sur sa
base; une impression peu profonde, assez large,
et ponctué sur chaque côté de celle-ci. Elytres
très-légèrement sinuées vers leur extrémité, marquées de stries lisses. Cuisses d'un brun noirâtre.

Jambes et tarses d'un brun ferrugineux ou rougeâtre.

J'ai un individu plus petit, dont les pates sont entièrement rougeâtres.

24. *Harpalus perplexus.* Long. 3 3/4, 5 lig. Larg. 1 1/2, 2 lignes.

Dej., t. 4, p. 314. Id. Icon., t. 4, p. 174, pl. 190, fig. 4.

D'un noir assez brillant en dessus, d'un brun noirâtre en dessous ; l'abdomen quelquefois roussâtre ou jaunâtre. Palpes, antennes et pates d'un rouge ferrugineux. Tête lisse, corselet assez grand, presque carré, pointillé sur la partie inférieure de ses côtés et sur sa base ; une impression assez large, peu profonde, et ponctuée sur chaque côté de celle-ci. Élytres légèrement sinuées vers l'extrémité, marquées de stries lisses.

25. *Harpalus calceatus.* Long. 4 3/4, 6 1/4 lig. Larg. 2, 2 2/3 lignes.

Dej., t. 4, p. 320. Id. Icon., t. 4, p. 180, pl. 191, fig. 3.

Noir en dessus, d'un noir brun en dessous. Palpes, antennes et tarses d'un rouge ferrugineux. Tête et milieu du corselet lisses. Celui-ci presque carré, sa base et la partie inférieure de ses côtés assez fortement pointillés ; l'impression sur chaque côté de la base peu apparente. Élytres légèrement sinuées vers l'extrémité, et marquées de stries lisses. Cuisses et jambes d'un noir brun. Tarses d'un rouge ferrugineux.

26. *Harpalus ferrugineus.* Long. 5 1/2, 6 lig. Larg. 2 1/4, 2 1/2 lig.

Dej., t. 4, p. 322. Id. Icon., t. 4, p. 182, pl. 191, fig. 11.

Entièrement ferrugineux, avec les yeux noirs. Tête lisse, ainsi que la partie antérieure du corselet. Celui-ci moins large que les élytres, plus étroit à sa base, qui est légèrement ponctuée,

aiusi qu'une impression sur chaque côté de celle-
ci. Elytres marquées de stries lisses.

27. *Harpalus hottentotta.* Long. 4 1/2, 5 3/4 lig. Larg.
1 3/4, 2 1/3 lig.

Dej., t. 4, p. 324. Id. Icon., t. 4, p. 183, pl.
191, fig. 5. Id. *Harpalus conformis.* 1er catalogue.

Noir, plus brillant en dessus. Palpes, antennes,
jambes et tarses d'un rouge ferrugineux. Labre
brun ou roussâtre. Tête lisse, corselet presque
carré, un peu plus étroit postérieurement, lisse
dans le milieu, et antérieurement il a, sur chaque
côté de sa base, une impression très-large, peu
profonde, fortement pointillée. Elytres marquées
de stries lisses. Cuisses de la couleur du corps.

28. *Harpalus limbatus.* Long. 3 2/3, 4 1/4 lig. Larg. 1
1/2, 1 3/4 lig.

Dej., t. 4, p. 327. Id. Icon., t. 4, p. 186, pl.
192, fig. 1. Id. 1er catal. *Harpalus nitidus.*

Noir, un peu plus brillant dans les mâles. Pates,
antennes, palpes et bord du labre plus ou moins
ferrugineux. Tête lisse, corselet presque carré, un
peu rétréci postérieurement; la ligne de ses bords
légèrement roussâtre; il est lisse dans le milieu et
antérieurement; sa base et une partie des bords
latéraux assez fortement pointillés, ainsi qu'une
impression sur chaque côté de la base. Elytres
légèrement sinuées vers leur extrémité, marquées
de stries lisses; la ligne des bords extérieurs presque toujours d'un rouge ferrugineux.

J'ai un individu un peu plus petit, dont le dessous du corps est d'un rouge ferrugineux.

29. *Harpalus rubripes.* Long. 3 3/4, 5 1/4 lig. Larg. 1
2/3, 3 1/4 lig.

Dej., t. 4, p. 339. Id. Icon., t. 4, p. 194, pl.
193, fig. 1.

La couleur de cet insecte varie. La plus générale, dans notre localité, est le noir plus ou moins
bleuâtre ou violet, quelquefois d'un bleu violet,
ou d'un vert bleuâtre, ou d'un vert bronzé. Palpes,

antennes et pales d'un rouge ferrugineux ou jaunâtre. Labre noirâtre, un peu roussâtre sur le bord. Tête et corselet lisses ; ce dernier légèrement ponctué sur sa base, l'impression sur chaque côté de celle-ci peu marquée. Élytres plus larges que le corselet, légèrement sinuées vers l'extrémité, marquées de stries lisses, et des points enfoncés sur l'extrémité du septième intervalle près du bord extérieur, et d'autres points plus prononcés sur ce même bord.

30. *Harpalus sobrinus?* Long. 4, 4 1/2 lig. Larg. 1 1/2, 1 3/4 lig.

Dej., t. 4, p. 341. Id. Icon., t. 4, p. 196, pl. 193, fig. 2. *Harpalus variabilis.* B. L.

Plus étroit proportionnellement que le précédent. Noir ou d'un noir bleuâtre, surtout sur la base du corselet et des élytres. Palpes, antennes, jambes et tarses d'un rouge ferrugineux. Tête et corselet lisses ; une impression allongée, un peu ponctuée sur chaque côté de la base de ce dernier. Élytres légèrement sinuées vers l'extrémité, marquées de stries lisses et de quelques points enfoncés sur le bord extérieur et sur l'extrémité du septième intervalle. Dessous du corps noir, cuisses d'un brun noirâtre.

Var. Verte ou bleue en dessus. Un peu plus large que l'espèce. Antennes d'un rouge plus ou moins jaunâtre. Jambes de la couleur des cuisses.

31. *Harpalus semiviolaceus.* Long. 4 1/2, 6 1/3 lig. Long. 1 3/4, 2 3/4 lig.

Dej., t. 4, p. 346. Id. Icon., t. 4, p. 203, pl. 194, fig. 1.

La tête et les élytres sont souvent noires. Le corselet et quelquefois les élytres des mâles sont d'un bleu verdâtre ou violet. Palpes ferrugineux ou ayant la base de leurs articles obscure. Antennes d'un brun rougeâtre, leur premier article d'un rouge ferrugineux. Tête lisse, corselet presque carré, un peu plus étroit antérieurement, lisse, moins sa base qui est assez fortement pointillée ;

l'impression de chaque côté de sa base peu profonde. Élytres marquées de stries lisses et de quelques points enfoncés sur l'extrémité des cinquième,
septième intervalles, et sur presque toute la longueur du bord extérieur. Dessous du corps noir,
quelquefois un peu bleuâtre. Cuisses et jambes
noires. Tarses brun ou noirâtres.

32. *Harpalus impiger*. Long. 3 1/2, 4 1/3 lig. Larg. 1,
1/2, 1 3/4 lig.

Dej., t. 4, p. 353. Id. Icon., t. 4, p. 209, pl.
191, fig. 5.

D'un noir luisant dans les mâles, assez terne
sur les élytres de la femelle. Pates, antennes et
palpes d'un rouge ferrugineux plus ou moins foncé.
Tête et corselet lisses. Celui-ci carré, à peine
plus étroit postérieurement; une impression longitudinale, lisse, sur chaque côté de sa base. Élytres légèrement sinuées vers l'extrémité, dont le
bord est d'un brun roussâtre, marquées de stries
lisses et de points enfoncés sur le bord extérieur.
Dessous du corps d'un brun noirâtre.

33. *Harpalus tardus*. Long. 3 1/2, 4 2/3 lig. Larg. 1 1/2,
2 lignes.

Dej., t. 4, p. 363. Id. Icon., t. 4, p. 217, pl.
195, fig. 5.

D'un noir luisant, assez terne sur les élytres de
la femelle. Palpes et antennes d'un brun ferrugineux plus ou moins foncé. Tête et corselet lisses.
Celui-ci carré, un peu plus étroit antérieurement;
une impression peu profonde et presque lisse sur
chaque côté de sa base. Élytres marquées de stries
lisses et de points enfoncés plus ou moins distincts
sur le bord extérieur, d'un point au-dessous du
milieu du troisième intervalle, et d'un autre sur
l'extrémité de la septième strie. Dessous du corps
d'un noir brun. Cuisses et l'extrémité des jambes
d'un brun noirâtre; le reste des jambes et les tarses
d'un rouge ferrugineux.

34. *Harpalus segnis*. Long. 3 1/4, 4 1/4 lig. Larg. 1 3/4,
2 lig.

Dej., t. 4, p. 365. Id. Icon., t. 4, pl. 195, fig. 6.

Il 'n'est, pour moi, qu'une variété du précédent. Les couleurs sont les mêmes; la tête, le corselet et les élytres sont semblables. La principale différence entre eux consiste en ce que les jambes du *H. segnis* sont entièrement d'un brun noir.

35. *Harpalus flavicornis.* Long. 3 1/2, 4 lig. Larg. 1 1/4, 1 2/3 lig.

Dej., t. 4, p. 366. Id. Icon., t. 4, p. 220, pl. 196, fig. 1.

Si les individus que je possède sont le *flavicornis* du *species* de M. le général Dejean; il me paraît difficile de les séparer du *harpalus tardus*, n° 33, ci-dessus. Les couleurs, la forme de la tête, du corselet et des élytres, sont semblables, ainsi que la ponctuation de celle-ci. Il est plus petit; les antennes sont d'une couleur plus pâle. Les cuisses sont d'un noir brun, les jambes et les tarses d'un rouge ferrugineux.

36. *Harpalus serripes.* Long. 4, 5 lig. Larg. 1 2/3, 2 1/4 lig.

Dej., t. 4, p. 371. Id. Icon., t. 4, p. 222, pl. 196, fig. 4. Latr., t. 8, p. 361, n° 42.

Noir. Palpes d'un rouge jaunâtre; la base de chaque article d'un brun plus ou moins roussâtre; le premier article d'un rouge ferrugineux ou jaunâtre. Tête et corselet lisses. Celui-ci presque carré, un peu rétréci en devant; une impression presque lisse et peu profonde sur chaque côté de sa base. Elytres un peu plus larges que le corselet, marquées de stries lisses et d'un rang de points enfoncés, interrompu dans le milieu, sur le bord extérieur. Cuisses et jambes d'un noir brun; les tarses plus clairs ou rougeâtres.

37. *Harpalus anxius.* Long. 3, 3 1/2 lig. Larg. 1 1/4, 1 1/2 lig.

Dej., t. 4, p. 375. Id. Icon., t. 4, p. 227, pl. 197, fig. 2.

Noir luisant, plus terne sur les élytres des fe-

melles. Palpes d'un rouge ferrugineux ou jaunâtre:
la base des articles obscure ou noirâtre. Antennes
d'un brun obscur ou rougeâtre ; leurs trois premiers
articles d'un rouge ferrugineux ; les second et troisième articles quelquefois obscurs, leur extrémité
un peu rougeâtre. Tête et corselet lisses. Celui-ci
presque carré, un peu rétréci en devant; une impression sur chaque côté de la base, oblongue,
peu profonde, et dont le fond est un peu rugueux.
Elytres marquées de stries lisses et d'un rang de
points enfoncés plus ou moins distincts, sur le
bord extérieur.

38. *Harpalus picipennis.* Long. 2, 1/3 lig. Larg. 1, 1 1/4
lignes.

Dej., t. 4, p. 379. Id. Icon., t. 4, p. 231, pl.
197, fig. 5. Id. catal. *Harpalus vernalis.*

Noir, ou d'un brun rous-âtre en dessus. Antennes
et palpes d'un rouge ferrugineux ou jaunâtre. Tête
et corselet lisses. Ce dernier presque carré, une
impression sur chaque côté de sa base; oblongue,
lisse, ou dont le fond est légèrement rugueux.
Elytres marquées de stries lisses, et d'un rang de
points enfoncés sur le bord extérieur.

Genre *stenolophus*. Dej. *Carabus.* Fabr. Oliv. *Harpalus.*
Latr.

Les quatre premiers articles des quatre tarses
antérieurs dilatés dans le mâle ; les trois premiers
cordiformes ou triangulaires ; le quatrième fortement silobé. Tête presque triangulaire. Corps
oblong.

39. *Harpalus vaporarium.* Long. 2 1/2, 3 lig. Larg. 1, 1
1/3 lignes.

Fabr., t. 1, p. 206. Oliv., 35, n° 147. Lat., t. 8,
p. 361. Dej., t. 4, p. 407. Id. Icon., t. 4, p. 239,
pl. 198, fig. 1.

Palpes d'un jaune testacé, pâle ; la base du premier article noirâtre. Antennes brunes ; les deux
ou trois premiers articles d'un jaune testacé, pâle.
Tête noire, lisse. Corselet et écusson lisses, et

d'un rouge ferrugineux, ou un peu jaunâtre. Elytres d'un noir bleuâtre, assez luisant, avec tous
leurs bords, et une tache humérale, couvrant quelquefois toute la base, d'un rouge ferrugineux ou
un peu jaunâtre ; elles sont marquées de stries
lisses. Dessous du corselet de la couleur du dessus.
Poitrine et abdomen d'un noir bleuâtre. Pates
d'un jaune testacé.

40. *Harpalus vespertinus*. Long. 2 1/2, 2 3/4 lig. Larg.
1, 1 1/4 lig.

Dej., t. 4, p. 421. Id. Icon., t. 4, p. 246, pl. 198,
fig. 5.

Tête d'un brun noirâtre. Palpes d'un jaune pâle,
la base du premier article noirâtre. Antennes d'un
brun noirâtre, le premier article d'un jaune pâle.
Corselet d'un brun noirâtre, ses côtés légèrement
bordés de jaune testacé. Elytres d'un brun noirâtre
assez luisant ou bleuâtre dans le milieu, avec une
bordure roussâtre plus ou moins large ; la ligne
de suture est aussi de cette couleur : elles sont
marquées de stries lisses. Dessous du corps d'un
brun noirâtre. Pates d'un jaune pâle.

TRENTE-SEPTIÈME GENRE. — *Acupalpus*. Dej. *Carabus*.
Fabr. Oliv. *Harpalus*. Latr. Dej.

Les quatre premiers articles des quatre tarses antérieurs dilatés dans les mâles. Triangulaires ou cordiformes. Dernier article des palpes terminé en pointe.
Tête rétrécie postérieurement. Un sillon longitudinal
dans le milieu du corselet. Une impression sur chaque
côté de sa base.

1. *Acupalpus consputus*. Long. 1 1/2, 2 lig. Larg. 1/2,
3/4 ligne.

Dej., t. 4, p. 443. Id. Icon., t. 4, p. 258, pl.
199, fig. 1. Id. 1er catalogue. *Harpalus vespertinus*.

Tête d'un brun noirâtre et lisse. Labre rougeâtre. Palpes, et les deux premiers articles des
antennes d'un jaune testacé, pâle ; celles-ci d'un
brun roussâtre. Corselet lisse, d'un rougeâtre
obscur, plus clair sur les côtés. Elytres d'un jaune

testacé , marquées chacune d'une grande tache
d'un brun noirâtre , qui ne touche aucun des bords,
plus éloignée du bord extérieur ; elles ont des stries
lisses. Dessous du corps d'un brun noirâtre. Pates
d'un jaune pâle.

Var. *Harpalus melanocephalus.* Dej. 1er catalogue.
Corselet et élytres entièrement testacés. Tête
noire.

2. *Acupalpus dorsalis.* Long. 1 2/3 lig. Larg. 2/3 lig.

Fabr., t. 1, p. 208. Dej., t. 4, p. 446. Id. Icon.,
t. 4, p. 260, pl. 200 , fig. 1.

Tête et dessous du corps d'un brun noirâtre.
Palpes d'un jaune testacé, une tache obscure sur
la base du premier article. Antennes d'un brun
noirâtre, le premier article d'un jaune testace
pâle. Corselet et élytres d'un jaune testacé; le
premier marqué d'une large tache brune ou noirâtre, le couvrant presque entièrement. Élytres d'un
jaune testacé, avec une tache plus ou moins
grande, d'un brun noirâtre ou bleuâtre qui ne
touche pas au bord extérieur ; un rang de points
enfoncés sur celui-ci, interrompu dans le milieu.
Pates d'un jaune testacé pâle.

3. *Acupalpus atratus.* Long. 1 2/3 lig. Larg. 2/3 lig.

Dej. t. 4, p. 449. Id. Icon., t. 4, p. 263, pl.
200, fig. 3.

D'un noir brun en dessus, plus foncé en dessous. Palpes et antennes d'un brun obscur ; le dernier article des premiers, et le premier des der-
nières d'un jaune testacé. Corselet lisse, arrondi
sur les côtés ; une impression légèrement ponctuée, sur chaque côté de sa base. Élytres marquées de stries lisses. Pates d'un jaune testacé.

4. *Acupalpus meridianus.* Long. 1 2/3 lig. Larg. 2/3
ligne.

Fabr. *Car. cruciger,* t. 1, p. 209. Oliv. 35,
n° 148. Latr., t. 8, p. 362. Dej., t. 4, p. 451. Id.
Icon., t. 4, p. 255, pl. 200, fig. 5.

Noir, ou d'un noir brun. Mandibules et labre

d'un brun roussâtre. Palpes d'un jaune pâle ; la
base du dernier article obscure. Antennes d'un
jaune testacé ou brunes, avec le premier article
d'un jaune testacé. Corselet un peu plus étroit postérieurement. Elytres portant sur leur base une
tache d'un jaune testacé qui la couvre presque entièrement : la suture d'un jaune testacé. Elles sont
marquées de stries lisses et d'un rang de points
enfoncés sur le bord extérieur. Pates d'un jaune
testacé, les cuisses quelquefois un peu obscures.

SIXIÈME TRIBU. — *Subulipalpes*. Latr. Dej.

Les insectes de cette tribu sont distingués de tous
les autres carabiques par la forme des deux derniers
articles des palpes, dont l'avant dernier est toujours
renflé à l'extrémité, et dont le dernier toujours pointu,
est, le plus souvent, comme implanté dans le milieu
du précédent. Les deux premiers articles des tarses antérieurs seulement dilatés dans les mâles. Les élytres
ne sont pas tronquées à l'extrémité. Les jambes antérieures sont échancrées au côté interne.

Ils ont :

Le dernier article des palpes au moins aussi grand
que le précédent......... 38e g^{re}. *Trechus.*
Le dernier article des palpes
plus petit que le précédent. 39e g^{re} *Bembidium.*

Les insectes de cette tribu se trouvent aux bords
des eaux et dans les lieux humides.

TRENTE-HUITIÈME GENRE. — *Trechus.* Dej. *Carabus.*
Fabr. Oliv

Les *trechus* ont de grands rapports avec les *acupalpus*
(genre precedent). La forme générale du corps et celle
des palpes sont les mêmes. La différence qui les sépare
consiste dans la forme du dernier article des palpes,
semblable à celle du genre précedent, et dans le nombre des articles dilatés des tarses antérieurs des mâles,
qui est de quatre dans les *acupalpus*, et de deux seulement dans les *trechus.* Un sillon longitudinal dans le
milieu du corselet ; une impression sur chaque côté de
sa base.

1. *Trechus rubens.* Long. 1 3/4 lig. Larg. 3/4 lig.

Fabr., t. 1, p. 187. Dej., t. 5, p. 12. Id. Icon., t. 4, p. 296, pl. 204, fig. 2. Id. 1er catalogue. *Trechus, 4 striatus*, var. du *rubens.*

D'un brun noirâtre en dessus, plus foncé, ou noirâtre sur la tête, plus clair sur les élytres. Palpes et antennes d'un jaune testacé plus ou moins roussâtre; corselet lisse, presque carré. Élytres marquées de stries lisses; les quatre premières vers la suture bien distinctes, les autres à peine apparentes ou totalement effacées. Dessous du corps d'un brun obscur. Pates d'un jaune testacé.

TRENTE - NEUVIÈME GENRE. — *Bembidium.* Latr. Dej. *Carabus.* Fabr. Oliv. *Elaphrus.* Fabr. Oliv. Latr.

Les caractères du genre *bembidium* ont été suffisamment déterminés dans l'exposé de ceux qui distinguent cette tribu. Ils ne diffèrent des *trechus* que par la forme du dernier article des palpes, terminé en pointe et comme implanté dans le milieu du pénultième. Les espèces de ce genre avaient été divisées en plusieurs autres, *cillenum, blemus, tacus, notophus, bembidium, peryphus, leja, lopha* et *tachypus.* M. le général Dejean a pensé que les caractères de ces genres n'étaient point assez saillants ou déterminés: il les a tous réunis sous le nom de *bembidium.* Je partage, à cet égard, l'opinion de ce savant entomologiste.

Genre *Tachys.* Dej. 1er catalogue.

1. *Bembidium bi-striatum.* Long. 3/4 lig. Larg. 1/4 lig.

Dej., t. 5, p. 42. Id. Icon., t. 4, p. 330, pl. 27, fig. 6. Id. 1er catalogue. *Tachys vivens.*

D'un brun obscur, quelquefois plus clair ou presque roussâtre sur le corselet et les élytres. Labre, mandibules et palpes d'un brun roussâtre. Antennes d'un brun obscur ou roussâtre, leur premier article d'un jaune testacé. Corselet lisse, un peu plus étroit postérieurement. Élytres striées;

les deux premières stries, vers la suture, plus distinctes. Pates d'un jaune testacé pâle.

2. *Bembidium pumilio.* Long. 1 3/4, 2 lig. Larg. 2/3,
5/4 lig.

Dej., t. 5, p. 48. Id. Icon., t. 4, p. 330, pl. 208,
fig. 2. Id. 1er catalogue. *Tachys virens.*

D'un brun noirâtre ou rougeâtre, quelquefois
légèrement bronzé sur la tête et le corselet, un
peu verdâtre ou bleuâtre sur les élytres. Mandibules, palpes et labre d'un jaune testacé roussâtre.
Corselet presque carré. Elytres plus larges que le
corselet, marquées de stries ponctuées. Les quatre
ou cinq premières, vers la suture, assez fortement,
plus fortement marquées; leur extrémité et les deux
stries suivantes peu apparentes ou entièrement effacées. Pates d'un jaune testacé.

Genre *Notaphus.* Dej. 1er catalogue.

3. *Bembidium ustulatum.* Long. 2 lig., Larg. 3/4 lig.

Fabr., t. 1, p. 208. Oliv. 35. Car. *Vœvius.* Latr.,
t. 8, p. 223. Dej., t. 7, p. 64. Id. Icon.. t. 4, pl. 209,
fig. 6. Id. 1er catalogue. *Notaphus ustulatus.*

D'un vert bronzé en dessus. Mandibules et palpes d'un brun roussâtre. Antennes d'un brun rougeâtre; les quatre premiers articles testacés. Corselet presque carré. Elytres plus larges que le
corselet, marquées de stries ponctuées, et de
trois bandes transversales plus ou moins distinctes,
de taches d'un jaune pâle; l'une sur la base, l'autre au-dessus du milieu, la troisième au-dessous
de celle-ci, arquée; l'extrémité est de la couleur
des taches. Pates d'une couleur testacée plus ou
moins claire ou obscure.

Il me paraît difficile de séparer de cette espèce
l'*undulatum.* Dej., t. 5, p. 63. Celui-ci est un peu
plus grand, les bandes transversales moins marquées, leur couleur et celle des pates plus foncée,
presque rougeâtre.

Genre *Bembidium*. Dej. 1ᵉʳ catalogue.

4. *Bembidium paludosum.*

Oliv., 34. *Elaphrus Littoralis*, nᵉ 4. Dej., t. 5, p. 79. Id. Icon., t. 4, pl. 211, fig. 1.

Bronzé en dessus, d'un vert bronzé en dessous. Mandibules et palpes d'un brun noirâtre. Antennes brunes; les quatre premiers articles d'un vert noirâtre bronzé. Corselet presque carré. Elytres presque carrées, plus larges que le corselet, marquées de stries ponctuées; et, sur chaque élytre, de deux taches carrées, d'un bronzé verdâtre sur le troisième intervalle vers la suture. Pates d'un bronzé verdâtre, la base des cuisses testacée.

5. *Bembidium impressum.* Long. 2 1/4, 3 1/4 lig. Larg. 1, 1 1/2 lig.

Fabr. *Eraphrus*, t. 1, p. 346. Dej., t. 5, p. 81. Id. Icon., t. 4, pl. 211, fig. 2.

D'un vert bronzé, luisant en dessous; d'un vert obscur quelquefois bronzé ou bleuâtre en dessus. Mandibules, palpes et antennes d'un brun noirâtre; les quatre premiers articles de celles-ci d'un jaune testacé, leur extrémité d'un vert bronzé. Corselet presque carré, un peu rétréci à sa base. Elytres presque carrées, marquées de stries légèrement ponctuées, et sur le milieu de la troisième strie, vers la suture, de deux taches carrées, enfoncées, d'un vert brillant. Pates d'un jaune testacé, les tarses bruns.

6. *Bembidium orichalcicum.* Long. 2, 1/3, 2 3/4 lig. Larg. 1, 1 1/4 lig.

Dej., t. 5, p. 86. Id. Icon., t. 4, pl. 211, fig. 4.

Bronzé verdâtre en dessus, d'un vert bronzé en dessous. Antennes et palpes d'un noir bleuâtre; le premier article des antennes et la base des trois suivants, d'un rouge jaunâtre. Corselet presque carré, un peu rétréci postérieurement. Elytres presque carrées, marquées de stries ponctuées, et de deux points enfoncés, assez gros sur le troisième intervalle vers la suture. Base des cuisses et jambes d'un jaune testacé ; tarses d'un noirâtre un peu bronzé.

7. *Bembidium striatum*. Longueur 2 1/4 lig. Larg. 1 lig.

Fabr. *Elaphrus*, t. 1, p. 245. Dej., t. 5, p. 98. Id. Icon., t. 5, pl. 211, fig. 5.

D'un vert bronzé plus ou moins obscur ou brillant. Tête et corselet couverts de points enfoncés et serrés. Palpes et antennes noirâtres ou bleuâtres ; le premier article de celles-ci d'un jaune rougeâtre. Palpes noirâtres. Tête, corselet et élytres ponctués. Corselet cordiforme. Elytres plus larges que le corselet, marquées de stries ponctuées et de deux points enfoncés, assez gros sur le troisième intervalle vers la suture ; le premier au-dessus du milieu, le second entre celui-ci et l'extrémité. Cuisses et jambes d'un testacé plus ou moins obscur. Tarses d'un brun noir.

8. *Bembidium bipunctatum*. Long. 1, 1/4 lig. Larg. 3/4 lignes.

Fabr. *Car.*, t. 1, p. 209. Dej., t. 5, p. 209. Id. Icon., t. 4, pl. 212, fig. 2.

D'un verdâtre bronzé plus ou moins obscur en dessus. Palpes et antennes noirâtres. Corselet cordiforme, ponctué sur les bords. Elytres plus larges que le corselet, marquées de stries peu profondes, légèrement ponctuées, et de deux points enfoncés, assez gros, sur le troisième intervalle vers la suture ; l'un au-dessus, l'autre au-dessous du milieu. Dessous du corselet et poitrine d'un vert bronzé plus ou moins bleuâtre. Abdomen noir. Cuisses d'un vert bronzé. Jambes et tarses noirâtres.

Genre *Peryphus*. Dej. 1er catalogue.

9. *Bembidium eques*. Long. 3 1/2, 4 lig. Larg. 1 1/3, 1 1/3 lig.

Dej., t. 5, p. 101. Id. Icon., t. 4, pl. 112, fig. 3.

(117)

D'un vert bleuâtre en dessus. Mandibules et palpes bruns. Antennes noirâtres. Corselet lisse, cordiforme, presque aussi long que large. Elytres d'un rouge jaunâtre à leur base, d'un vert jaunâtre sur le reste, marquées de stries ponctuées qui s'effacent vers l'extrémité, et deux points enfoncés, plus gros sur la troisième strie vers la suture ; l'un un peu au-dessus, l'autre un peu au-dessous du milieu. Dessous du corps et cuisses d'un verdâtre luisant. Jambes et tarses rougeâtres.

10. *Bembidium modestum.* Long. 2 lig. Larg. 3/4 lig.

Fabr., *Car.*, t. 1, p. 185. Dej., t. 5, p. 105. Id. Icon., t. 4, pl. 213, fig. 1.

D'un noir bronzé en dessus. Mandibules et palpes bruns ; ceux-ci presque noirâtres. Antennes brunes, leur premier article et la base des trois suivants rougeâtres. Corselet cordiforme, la base et ses deux impressions ponctuées. Elytres marquées de stries ponctuées qui s'effacent vers l'extrémité, de deux points enfoncés, plus gros ; le premier au-dessus, le second au-dessous du milieu, et d'une tache transversale assez large, rouge jaunâtre, qui ne touche pas les bords extérieurs. Dessous du corps d'un noir verdâtre. Pates d'un rouge jaunâtre, les cuisses quelquefois brunes.

11. *Bembidium tricolor.* Long. 2 1/2. Larg. 1 lig.

Fabr., t. 1, p. 185. Dej., t. 5, p. 102. Id. Icon. t. 4, pl. 212, fig. 4.

D'un vert bleuâtre en dessus. Mandibules et base des antennes rougeâtres ; les palpes de cette couleur, leur avant dernier article obscur. Corselet cordiforme, la base et ses impressions latérales ponctuées. Elytres d'un bleu assez foncé, leur partie antérieure rougeâtre : elles sont marquées de stries ponctuées et de deux points enfoncés, plus gros, placés comme dans l'espèce précédente, dessous du corps noir, luisant ; l'extrémité des cuisses, les jambes et les tarses rougeâtres.

12. *Bembidium rupestre.* Larg. 2 2/3 lig. Larg. 1 lig.

Fabr. *Elaphrus*, t. 1, p. 246. Oliv., 35. *Carab. littoralis.* Latr., t. 8, p. 225, n° 150. Dej., t. 5, p. 111. Id. Icon., t. 4, pl. 213, fig. 5.

Noir, ou d'un noir brun en dessous. Tête et corselet d'un noir plus ou moins verdâtre. Palpes rougeâtres ou jaunâtres, leur avant dernier article plus ou moins obscur. Antennes brunes ou roussâtres, leurs deux ou trois premiers articles d'un rouge plus ou moins jaunâtre. Corselet cordiforme, les impressions de sa base ponctuées. Elytres d'un vert noirâtre ou brunes, marquées de stries ponctuées, s'effaçant vers l'extrémité, et de deux points enfoncés, plus gros, placés comme dans les précédentes : elles ont aussi chacune deux taches d'un rouge jaunâtre ou testacé ; l'une humérale, allongée ; l'autre, au-dessous de celle-ci, se prolongeant obliquement vers la suture, où elle touche celle de l'autre élytre. Pates d'un jaune plus ou moins clair.

J'avais considéré les cinq espèces suivantes comme n'étant que de légères variétés de cette espèce ; et malgré l'autorité de M. le général Dejean, il me paraît bien difficile de les séparer spécifiquement. On jugera, par l'énoncé des différences qui peuvent exister entre elles, si mon opinion à ce sujet est fondée.

13. *Bembidium fluviatile.* Long. 2 1/4 lig. Larg. 1 lig.

Dej., t. 5, p. 113. Id. Icon., t. 4, pl. 213, fig. 6.

Il est un peu plus étroit que le précédent, sa couleur est en dessus d'un vert bronzé plus clair et plus brillant ; le corselet est plus étroit, moins arrondi sur les côtés antérieurs. Les élytres sont un peu plus étroites et plus allongées. Les taches sont d'une couleur plus claire. Dessous du corps, pates et antennes à peu près comme dans le *rupestre*.

C'est sans doute par erreur que dans la figure

enluminée les antennes sont représentées comme
étant entièrement d'un rouge jaunâtre.

14. *Bembidium cruciatum.* Long. 2, 2 2/3 lignes. Larg.
3/4, 1 ligne.

Dej., t. 5, p. 114. Id. Icon., t. 4, pl. 214, fig 1.

Assez semblable au *rupestre.* Sa couleur est, en
dessus, d'un vert bronzé un peu plus clair et brillant. La base des antennes et les pates sont d'une
couleur testacée plus pâle. Les taches des élytres
sont d'un jaune testacé plus pâle, plus grandes,
couvrant ordinairement la plus grande partie des
élytres ; alors le vert bronzé, plus ou moins foncé,
forme une tache triangulaire sur la base. Une bande
transversale vers le milieu, une petite bande sur
la suture qui n'atteint pas l'extrémité. Elles ont
deux points enfoncés, plus gros, comme dans
l'espèce précédente. Pates d'un jaune testacé un
peu plus pâle.

15. *Bembidium femoratum.* Long. 2 lig. Larg. 3/4 lig.

Oliv. 35. *Carabus ustulatus,* n° 152. Dej., t. 5,
p. 116. Id. Icon., t. 4, pl. 214, fig. 3.

Tête et corselet d'un vert noirâtre bronzé. Palpes d'un brun roussâtre, les deux derniers articles
des maxillaires d'un brun noirâtre. Antennes brunes, les articles de la base rougeâtre. Les élytres
sont à peu près comme dans le précédent, striées
et ponctuées de la même manière. Le dessous du
corps est noir, les cuisses d'un brun obscur ou
noires ; leur extrémité, les jambes et les tarses
d'un jaune testacé.

16. *Bembidium obsoletum.* Long. 2, 2 1/2 lig. Larg. 3/4,
1 ligne.

Dej., t. 5, p. 118. Id. Icon., t. 4, pl. 214, fig. 4.

Tête et corselet d'un vert bronzé, un peu bleuâtre.
Palpes jaunâtre, l'extrémité de l'avant-dernier article obscur. Antennes d'un brun roussâtre, leur
base d'un jaune rougeâtre. Elytres de cette dernière
couleur, avec une teinte bronzée, plus ou moins
verdâtre, formant une bande transversale, peu

distincte ; cette couleur remonte sur la suture jusque vers sa base : elles sont striées et ponctuées comme dans les espèces précédentes. Dessous du corps d'un noir brun, luisant. Pates d'un jaune testacé, un peu obscur sur les cuisses.

17. *Bembidium deletum.* Long. 1 3/4, 2 1/4 lig. Larg. 3/4 . 1 lig.

Dej., t. 5, p. 122. Id. Icon., t. 4, pl. 215, fig. 2.

Plus large proportionnellement que le *rupestre.* D'un brun noirâtre en dessous. Tête et corselet d'un vert bronzé, obscur. Palpes d'un jaune un peu roussâtre, l'avant-dernier article des maxillaires d'un brun noirâtre, ainsi que les antennes, dont les deux premiers articles et la base des deux suivants sont d'un jaune testacé. Elytres d'un brun un peu jaunâtre, avec un léger reflet bronzé qui couvre presque toute leur surface. Elles sont striées et ponctuées comme dans les espèces précédentes. Pates d'un jaune testacé.

18. *Bembidium cœruleum.* Long. 2., 3 1/4 lig. Larg. 3/4, 1 lig.

Dej., t. 5, p. 133. Id. Icon., t. 4, pl. 216, figure 5.

D'un bleu foncé, quelquefois un peu verdâtre en dessus. Palpes et antennes d'un brun noirâtre, le premier article de celles-ci d'un jaune rougeâtre. Elytres marquées de stries ponctuées, presque lisses vers l'extrémité, et de deux points enfoncés, plus gros sur le troisième intervalle, vers la suture ; l'un un peu au-dessus du milieu, l'autre entre celui-ci et l'extrémité. Dessous du corps d'un noir un peu verdâtre. Cuisses de cette couleur, leur base et leur extrémité un peu rougeâtre ; jambes et tarses d'un brun roussâtre.

19. *Bembidium decorum.* Long. 2 1/2 lig. Larg. 1 lig.

Dej., t. 4, p. 135. Id. Icon., t. 4, pl. 216, figure 5.

D'un bleu verdâtre en dessus, d'un noir bleuâtre en dessous. Palpes d'un jaune rougeâtre, l'avant-

dernier article des maxillaires obscur. Antennes
brunes, le premier article et la base des deux suivantes d'un rouge jaunâtre; les impressions latérales de la base fortement ponctuées. Elytres
marquées de stries ponctuées, presque lisses vers
l'extrémité; la septième presque effacée, et de
deux points enfoncés, plus gros sur le troisième
intervalle, comme dans les précédents. Pates entièrement d'un rouge jaunâtre.

20. *Bembidium rubripes.* Long. 2, 2 1/2 lig. Larg. 5/4,
1 ligne.

Dej., t. 5, p. 141. Id. Icon., t. 4, pl. 217,
figure 5.

D'un bleu verdâtre plus ou moins bronzé, palpes d'un jaune un peu rougeâtre; l'avant-dernier
article des maxillaires noirâtre. Antennes brunes,
un peu roussâtres; les articles de la base d'un jaune
testacé, les impressions latérales de la base du corselet rugueuses. Elytres ayant des stries ponctuées,
très-peu marquées ou presque effacées vers l'extrémité. Dessous du corps noir. Pates d'un jaune
un peu rougeâtre. Base des cuisses noirâtres, au
moins en dessous.

21. *Bembidium brunipes.* Long. 2 1/2, 2 3/4 lig. Larg.
1, 1 1/4 lig.

Dej., t. 5, p. 144. Id. Icon., t. 4, pl. 2.8,
figure 2.

D'un vert bleuâtre ou bronzé en dessus. Palpes
entièrement d'un jaune clair. Antennes d'un brun
roussâtre, les articles de la base rougeâtre. Corselet presque aussi long que large, plus étroit postérieurement; lisse, excepté sur la base qui est
fortement ponctuée, ainsi que les stries des élytres
qui s'effacent vers l'extrémité, et plus haut encore
en se rapprochant du bord extérieur. Dessous du
corps d'un noir brun. Pates d'un jaune pâle; les
tarses un peu plus foncés.

22. *Bembidium stomoides.* Long. 2 1/2 lig. Larg. 1 lig.

Dej., t. 5, p. 146. Id. Icon., t. 4, pl. 218,
figure 3.

D'un vert bleuâtre bronzé. Antennes d'un jaune rougeâtre. Corselet ponctué sur le bord postérieur, beaucoup plus légèrement sur le bord antérieur. Elytres marquées de stries ponctuées, se prolongeant presque jusque sur l'extrémité, celles extérieures exceptées. Dessous du corps d'un noir brun. Pates entièrement d'un jaune testacé.

Genre *Leja*. Dej. 1er catalogue.

23. *Bembidium chalcopterum.* Long. 1 1/2, 2 lig. Larg. 2/3, 3/4 lig.

Dej., t. 5, p. 154. Id. Icon., t. 4, pl. 219, fig. 1.

Il me paraît bien difficile de séparer cette espèce de la suivante et du *bembidium pyrenæum.* La différence des dimensions entre d'aussi petites espèces, celle plus ou moins variable des couleurs, ne me semblent pas suffisantes pour constituer des caractères spécifiques. Il est d'un verdâtre plus ou moins bronzé en dessus, d'un noir plus ou moins verdâtre, et luisant en dessous. Palpes et antennes d'un brun noirâtre : les impressions latérales de la base du corselet légèrement rugueuses. Elytres marquées de stries légèrement ponctuées, peu enfoncées, presque effacées vers l'extrémité. Cuisses et tarses d'un brun obscur, légèrement bronzés. Jambes d'un jaune rougeâtre.

24. *Bembidium celere.* Long. 1 1/4, 1 2/3 ligne. Larg. 2/3, 3/4 ligne.

Fabr. *Car.*, t. 1, p. 210. Oliv., 35, n° 158. Latr. *Bemb. pygmæum*, t. 8, p. 227. Dej., t. 5, p. 157. Id. Icon., t. 4, pl. 219, fig. 4. Id. *Leja pygmæa.* 1er catalogue.

D'un bronzé verdâtre plus ou moins brillant ou obscur en dessus ; d'un noir assez luisant en dessous. Mandibules, palpes et antennes d'un brun noirâtre ; la base des premiers articles de celles-ci rougeâtre, au moins en dessous. Les impressions latérales de la base du corselet assez profondes, faiblement ponctuées. Elytres marquées de stries ponctuées, les première et huitième se réunissant vers le bord extérieur, les autres s'effaçant du milieu à l'extrémité. Pates d'un jaune rougeâtre. Cuisses et tarses souvent obscurs et légèrement bronzés.

25. *Bembidium sturmii.* Long. 1 1/4 lig. Larg. 1/2 lig.

Dej., t. 5, p. 160. Id. Icon., t. 4, pl. 219, fig. 6.

Tête presque de la largeur du corselet ; tous les deux d'un noir luisant, presque bronzé. Palpes d'une couleur testacée, un peu obscure ; l'avant-dernier article des maxillaires noirâtre. Antennes d'un jaune roussâtre ; leur premier article, et la base des deux suivants, d'un jaune testacé, les autres d'un brun noirâtre. Les impressions latérales de la base du corselet, petites et oblongues. Elytres d'un noir presque brun, ayant sur leur base des taches ou lignes d'un jaune pâle, et deux taches de la même couleur, assez grandes, presque arrondies ; l'une près du bord extérieur au-dessus de l'extrémité, l'autre sur celle-ci. Les stries sont ponctuées, presque effacées sur l'extrémité. Pates d'un jaune pâle.

26. *Bembidium normannum.* Long. 1 1/3. Larg. 1/2 lig.

Dej., t. 5, p. 164. Id. Icon., t. 4, pl. 2 0, figure 3.

Noir en dessous. Tête et corselet d'un verdâtre obscur, bronzé. Mandibules et palpes d'un brun roussâtre ; l'avant-dernier article des maxillaires noirâtre. Antennes noirâtres, le premier article et la base des deux suivants d'un rouge jaunâtre. Les impressions latérales de la base du corselet peu distinctes. Elytres noirâtres antérieurement, d'un brun roussâtre postérieurement ; cette couleur couvrant quelquefois la plus grande partie des élytres ; elles sont marquées de stries ponctuées, effacées vers l'extrémité. Pates d'un rouge jaunâtre.

27. *Bembidium pusillum.* Longueur 1 1/4, 1 1/2 ligne. Largeur 1 1/2 ligues.

Dej., t. 5, p. 165. Id. Icon., t. 4, pl. 220, fig. 4.

Id. 1er catalogue. *Leja doris. Var.* Latr. *Bembid. doris ?* t. 8, p. 226.

D'un noir légèrement bronzé en dessus, noir en dessous. Palpes et antennes d'un brun noirâtre, les trois ou quatre premiers articles presque noirs. Corselet comme dans l'espèce précédente. Elytres marquées de stries ponctuées, presque effacées vers l'extrémité, et d'une tache quelquefois peu apparente, au-dessous du milieu, près du bord extérieur. Pates d'un brun noirâtre ou un peu roussâtre.

28. *Bembidium guttula.* Longueur 1 1/2 ligne. Larg. 2/3 lig.

Fabr. *Car.*, t. 1, p. 208. Oliv., 35. *Car. riparius ?* n° 165. Dej., t. 5, p. 178. Id. Var. *Tachys bisignatus.* 1er catalogue. Latr., t. 8, p. 223.

D'un noir légèrement bronzé en dessus, noir en dessous. Mandibules, pates et antennes d'un brun roussâtre ; le premier article de celles-ci et la base des deux suivants d'un jaune rougeâtre. Corselet presque arrondi, les impressions latérales de sa base assez profondes. Elytres marquées au delà du milieu, près du bord extérieur, d'un jaune pâle ou un peu rougeâtre, quelquefois peu distincte ou presque entièrement effacée, cette couleur couvrant quelquefois toute l'extrémité : elles ont des stries ponctuées presque effacées à leur extrémité. Pates d'un jaune un peu rougeâtre plus ou moins foncé, plus ou moins obscur.

29. *Bembidium biguttatum.* Long. 1 1/2, 2 lig. Larg. 2/3, 1 ligne.

Fabr., t. 1, p. 208. Dej., t. 5, p. 224.

Il ressemble beaucoup au précédent, et n'en est peut-être qu'une variété. D'un noir luisant, légèrement bronzé. Palpes et antennes d'un brun noirâtre ; le premier article de celles-ci et la base des deux suivants d'un brun roussâtre, souvent presque de la couleur des autres articles. Corselet presque arrondi, les impressions latérales de sa

base bien distinctes. Élytres portant, au-dessous
du milieu du bord extérieur, une tache arrondie,
plus ou moins distincte, d'un jaune roussâtre ;
l'extrémité est aussi de cette couleur : elles ont des
stries ponctuées à leur base, presque lisses ou effacées vers l'extrémité ; les première et huitième
sont entières, les autres sont plus courtes à mesure
qu'elles se rapprochent du bord extérieur ; la septième est totalement effacée. Dessous du corps
noir ou noirâtre. Pates d'un brun noirâtre plus
ou moins foncé.

Genre *lopha*. Dej. 1er catalogue.

3o. *Bembidium quadriguttatum*. Longueur 2 lig. Larg.
3/4 lignes.

Fabr. *Car.*, t. 1, p. 207. Oliv., 35, n° 151. Dej.,
t. 5, p. 183.

D'un noir bronzé, luisant sur la tête et le corselet. Palpes d'un brun roussâtre : l'avant-dernier
article des maxillaires noirâtre. Antennes brunes ;
le premier article et la base des trois suivants d'un
jaune roussâtre. Corselet presque aussi long que
large, plus étroit postérieurement. Élytres noires
ou noirâtres, marquées de stries ponctuées, courtes
(n'étant distinctes que sur la base, ou presque
entièrement effacées), et de deux taches d'un jaune
pâle ; l'une prenant naissance à l'angle huméral,
presque triangulaire, l'autre placée au-dessous du
milieu, plus petite, arrondie, plus rapprochée du
bord que de la suture. Dessous du corps noir.
Pates d'un jaune pâle, l'extrémité des cuisses et la
base des jambes noirâtres.

31. *Bembidium laterale*. Long. 1 3/4, lig. Larg. 2/3 lig.

Dej., t. 5, p. 185.

Il ressemble beaucoup au précédent, et, comme
les trois suivants, ne me paraît en être qu'une
variété. Les couleurs et les taches sont, à peu de
chose près, les mêmes. Dans celui-ci la tache humérale des élytres n'est point triangulaire ; elle se
prolonge sur le bord extérieur, et se réunit à celle

de l'extrémité. Les pates sont d'une couleur un peu plus foncée ; la base et l'extrémité des jambes sont noirâtres, ainsi que les tarses.

32. *Bembidium quadripustulatum.* Long. 1 2/3 lig. Larg. 2/3 lig.

Fab. *Car. bipustulatus!* t. 1, p. 208. Dej., t. 5, p. 186.

Couleurs des deux précédents. Palpes et antennes d'un brun plus obscur. Elytres marquées de stries ponctuées, se prolongeant presque jusques à l'extrémité, et de deux taches d'un jaune testacé ; l'une irrégulière, humérale, l'autre presque arrondie au-dessus de l'extrémité. Jambes jaunâtres ; leur base, leur extrémité et les tarses noirâtres.

33. *Bembidium quadrimaculatum.* Long. 1 1/2 lig. Larg. 1/2 lig.

Dej., t. 5, p. 187.

D'un noir bronzé, un peu verdâtre sur la tête et le corselet. Palpes roussâtres. Antennes plus obscures : leurs trois premiers articles et la base du quatrième, jaunâtre. Elytres marquées de stries ponctuées, presque entièrement effacées sur l'extrémité, et de deux taches jaunâtres ; l'une humérale, l'autre, au-dessus de l'extrémité, plus petite et arrondie. Les pates sont entièrement d'un jaune testacé.

34. *Bembidium articulatum.* Long. 1 1/2 lig. Largeur 1/2 lig.

Dej., t. 5, p. 188. Id. 1er catal. *Lopha pœcila.*

Tête et corselet d'un noir bronzé, verdâtre sur la tête et le corselet. Palpes jaunâtre, l'avant-dernier article des maxillaires noirâtre. Antennes d'un brun peu foncé, leurs trois ou quatre premiers articles d'un jaune roussâtre. Les stries des élytres sont comme dans l'espèce précédente, les taches jaunes des élytres sont plus grandes ; celle humérale couvre presque la moitié antérieure de l'élytre ; celle postérieure est transversale, et touche

presque la suture : l'extrémité est de la couleur
des taches. Pates entièrement d'un jaune pâle.

Genre *tachypus*. Dej. 1er catalogue. ●

35. *L'embidium picipes*. Long. 2 3/4, 3 1/4 lig. Larg. 1,
1 1/3 lig.

Dej., t. 5, p. 190.

D'un bronzé verdâtre en dessus, plus clair sur
la tête, plus obscur sur les élytres. Palpes roussâtre; l'avant dernier article des maxillaires légèrement bronzé. Antennes verdâtres: les second et
troisième articles rougeâtres, leur extrémité obscure. Tête et corselet assez fortement ponctués.
Elytres finement ponctuées, sans stries apparentes,
avec quelques légères taches plus obscures qui les
rendent presque nébuleuses. Dessous du corps
d'un noir verdâtre, assez brillant. Pates d'un rouge
ferrugineux, l'extrémité des cuisses et les tarses
un peu obscurs ou légèrement bronzés.

36. *Bembidium flavipes*. Long. 2 lig. Larg. 3/4 lignes.

Fabr. *Elaphrus*, t. 8, p. 246. Oliv., 34, n° 7.
Dej., t. 5, p. 192.

D'un bronzé verdâtre ou obscur en dessus, entièrement couvert de petits points enfoncés. Palpes
d'un jaune pâle. Antennes brunes; les quatre premiers articles d'un jaune pâle; les yeux bruns,
gros, très-saillants. Tête triangulaire, corselet
moins long que large, beaucoup plus étroit postérieurement; le sillon longitudinal du milieu bien
marqué antérieurement et postérieurement. Elytres beaucoup plus larges que le corselet, plus ou
moins couvertes de petites taches vertes: deux
points enfoncés sur le troisième intervalle, vers la
suture, assez gros, et bien marqués. Dessous du
corps d'un vert bronzé, assez brillant. Pates d'un
jaune testacé pâle.

CLERMONT-FERRAND, IMPRIMERIE DE THIBAUD-LANDRIOT.

www.ingramcontent.com/pod-product-compliance
Lightning Source LLC
LaVergne TN
LVHW021843170726
843503LV00003B/1043